DER KAMPF DES WAIDES MIT DEM INDIGO.

INAUGURAL-DISSERTATION

ZUR

ERLANGUNG DER DOKTORWÜRDE

EINER

HOHEN PHILOSOPHISCHEN FAKULTÄT

DER

UNIVERSITÄT LEIPZIG.

VORGELEGT VON

FRITZ LAUTERBACH.

LEIPZIG
VEIT & COMP.
1905

Angenommen von der philosophisch-historischen Sektion auf Grund der Gutachten der Herren Stieda und Beckmann.

Leipzig, den 30. Juli 1904.

Der Procancellar
Hölder.

Druck von Friedrich Stollberg in Merseburg.

DEM ANDENKEN

MEINER LIEBEN MUTTER.

Inhalt

Einleitung.

Die Menschen empfinden im allgemeinen eine große Freude an der Farbe; das Auge bedarf ihrer, wie es des Lichtes bedarf.

Dieser Ausspruch Goethes[1] in der Abhandlung über die sinnlich-sittliche Wirkung der Farbe findet in der Kulturgeschichte seine volle Bestätigung. So weit wir auch die Existenz der Menschen verfolgen, überall tritt uns bei ihnen das Bestreben entgegen, sich selbst oder die Werke ihrer Hände durch Farbenschmuck zu verschönen[2]. Die Art der Farben, das technische Können und das ästhetische Verständnis haben sich im Laufe der Zeit sehr verändert; aber die Freude an den Farben ist unseren Vorfahren in den grauesten Zeiten schon ebenso gut eigen, wie uns modernen Menschen.

Die Verwendung der Farben ist eine sehr mannigfaltige, für die verschiedensten Gewerbe sind sie unentbehrlich. Von der größten Wichtigkeit sind sie aber für die Textil-Industrie, wohl eines der ältesten Gewerbe. Fast soweit als die Kunde menschlicher Dinge überhaupt zurückreicht, können wir auch die erkennbaren sprachlichen und technischen Spuren der Kunst zurückverfolgen, die den Bast, die Fasern gewisser Pflanzen, den von menschlicher Hand gedrehten Faden zu Geflechten und Geweben verband[3]. Zu allen Zeiten hat die Darstellung von Geweben in der Volkswirtschaft der Völker eine wichtige Rolle gespielt und tausende von Menschen haben in diesem Gewerbe Beschäftigung und Unterhalt gefunden. Eine blühende Textil-Industrie ist für den Wohlstand der Bevölkerung eines Landes stets von großem Einfluß gewesen. Die Gewebe in ihren natürlichen Farben würden aber niemals eine so

[1] Goethes Werke 35. Teil, bearbeitet von S. Kalischer: „Sinnlich-sittliche Wirkung der Farbe" S. 282.

[2] Indigo-Buch der Badischen Anilin- und Sodafabrik S. 1.

[3] Gustav Schmoller, Die Straßburger Tucher- und Weberzunft. Urkunden und Darstellung, Straßburg 1879, S. 353.

große Nachfrage und Begehrlichkeit haben erwecken können, wenn sie nicht durch künstliche Färbung einen so großen Reiz erhalten hätten. Schon lange bevor den Menschen das Tragen von Geweben bekannt war, pflegten sie eifrig das Bemalen ihres nackten Körpers mit bunten Farben, wie wir es heute noch bei Völkern der untersten Kulturstufe beobachten können[1]. Als dann mit zunehmender Kultur das Tragen gewebter Stoffe üblich wurde, verzichtete man auf die alte Hautbemalung und trug gefärbte Gewänder[2], wenn auch vor-

---

[1] Sogar schon den diluvialen Menschen war das Bemalen des Körpers mit bunten Farben bekannt, wie aus den Funden zu Perigord und Schussenried hervorgeht. (Lippert, Kulturgeschichte der Menschheit I. Bd., S. 376 u. 8. — Credner, Elemente der Geologie, 9. Auflage, S. 757 u. 8.)

In Amerika färbten sich die Ureinwohner vom äußersten Süden bis Norden, was wir auch von den alten Bewohnern Afrikas sagen können. Auf Tahiti war die Hautmalerei ein förmlicher Kultus, es war nur den Priestern gestattet, sie vorzunehmen. Bei manchen Stämmen galt die Tätowierung als Zeichen der Mannbarkeit und als größte Zierde. Nach einer uralten Sitte wurde im alten Rom nicht nur das Bildnis des Jupiter, sondern auch das Antlitz des Königs mit roter Farbe bemalt, was auf die Sitte der alten Farbeneinreibung zurückzuführen ist; ebenso sei das Salben des ganzen Körpers mit Öl und Fetten, das die Helden Homers, wie überhaupt die historischen Griechen und Römer, übten, nur als ein Rest der alten Hautbemalung anzusehen. Auch die Naturvölker mischen heute noch den Farben allerlei Öle und Fette bei. (Lippert S. 377 u. f.) Wie sehr den Naturmenschen das Bemalen mit Farbe ein Bedürfnis ist, zeigt sich noch heute bei manchen Völkern. So pflegt man am Orinoko die Armut eines Menschen auszudrücken mit den Worten: „Der Mensch ist so arm und elend, daß er nicht einmal seinen Körper zur Hälfte bemalen kann." (Lippert S. 433.)

Die Tatsache, daß bei Völkern einer sehr niederen Kulturstufe den Frauen das Bemalen mit Farben nicht erlaubt war, vielmehr sich zu einem Vorrechte der Männer ausgebildet hatte, berechtigt anzunehmen, daß es in den frühesten Epochen der Entwicklung der Menschheit weniger der Sinn für das Schöne war, was zum Einreiben mit Farbe Veranlassung gab, als vielmehr die Eitelkeit und die Sucht, die Persönlichkeit hervorzuheben. Je höher der Stand, desto mehr die Bemalung. Wir finden heute noch bei vielen Naturvölkern, daß das Bemalen des Körpers, wie überhaupt der Schmuck, bei den Männern eine viel größere Rolle spielt wie bei den Frauen. Erst bei Stämmen, die sich einer höheren Entwicklung erfreuen, schmückt sich auch die Frau. (Lippert S. 433 u. f.)

[2] Wo die Wiege der Färberei zu suchen ist, kann schwer bestimmt werden. Seit den ältesten Zeiten beschäftigten sich Inder, Ägypter, Perser, Syrer, Phönizier mit diesem Gewerbe. Die im Altertume in der Färberei benutzten Farbstoffe waren schon sehr manigfaltig, als Alkana, Orseille, Safran, Krapp, Waid, Indigo, Gallen, Granatäpfel, Nußschalen, Drachenblut, Lacca und vor allen Purpurschnecken. Mit diesen Purpurschnecken wurde der im Altertume so berühmte Purpur erzeugt. Bekannt sind heute noch die berühmten Purpurfärbereien, denen die alten Städte Tyrus und Sidon ihren Reichtum und ihre Größe verdankten. Die Purpurfärberei wurde dort geheim gehalten; doch wissen wir, daß die Purpurschnecken, — einige zur Klasse der Gastropoden gehörenden Seemuschelarten, die

erst nur die Reichen und Vornehmen sich dies gestatten konnten. Bunte Gewänder galten als Zeichen vornehmer Geburt, hohen Standes oder sonstiger besonderer Auszeichnung. Joseph erhielt als Liebling seines Vaters einen bunten Rock, der so sehr den Neid seiner Brüder erweckte, daß sie ihn als Sklaven nach Ägypten verkauften. Die Bibel berichtet, daß die Ausschmückung des Allerheiligsten mit gelben, scharlach- und rosinroten Farben erfolgte. In ganz Vorderasien dienten bunte Gewebe als Vorhänge und Teppiche in den Tempeln und bunte Gewänder als Umhüllungen der Götterbilder. Die Fürsten des Altertums, vor allem die Kaiser in Rom, liebten es, in purpurroten Gewändern zu erscheinen, so daß uns heute noch der Purpur als Attribut fürstlicher Macht geläufig ist. Weniger die Stoffe, vielmehr die Farben waren es, die den Geweben erst die Kostbarkeit und den Wert verliehen. Für die Textil-Industrie, überhaupt für die Volkswirtschaft eines Landes, mußte es daher — namentlich früher, als das Verkehrswesen noch nicht so ausgebildet war — von großer Bedeutung sein, ob die nötigen Farbstoffe im Lande selbst produziert werden konnten oder eingeführt werden mußten. Wenn auch die Färbematerialien zu allen Zeiten sehr verschieden gewesen sind, so waren es doch nur immer einige, die besonders große Verwendung in der Färberei fanden und so Bedeutung für die Volkswirtschaft hatten. Für Deutschland war dies seit der ältesten Zeit der einheimische Waid. Die Verdrängung dieses wichtigen Farbstoffes durch den ausländischen Indigo mußte daher von großer Bedeutung für die deutsche Volkswirtschaft sein. Festzustellen, welche wirtschaftlichen Umwälzungen sich hierbei vollzogen, ist der Zweck dieser Abhandlung.

---

hauptsächlich an den phönizischen, griechischen und sizilianischen Küsten heimisch waren — vor dem Färben besonders präpariert wurden. Die Weichteile der zerquetschten Tiere wurden mit Salz vermengt, wodurch sich ein Farbenschleim aussonderte. Dieser wurde dann über Feuer gesotten und je nach der Dauer und Art des Einkochens erhielt man verschiedene Nuancen des Purpurs. Zur Zeit der Herrschaft der Römer waren die Purpurfärbereien über die ganzen Mittelmeerländer verbreitet und befanden sich in großer Blüte, da das Tragen von Purpur unter allen Reichen üblich wurde, bis die römischen Kaiser das Tragen von Purpur bei Todesstrafe verboten und ihn allein für sich in Anspruch nahmen. Er wurde bald das Symbol ihrer Würde. Eine so tyrannische Strafe auf ein so wunderliches Majestätsverbrechen verursachte den Verfall der Purpurfärbereien in den römischen Provinzen. (E. Speck, Handelsgeschichte des Altertums I. T., S. 118 u. f., 460 u. f. — Blümner, Technologie und Terminologie der Gewerbe und Künste bei den Griechen und Römern S. 222 u. f.)

I. Die Zeiten der Herrschaft des Waides.

A. Die Anfänge der Färberei in Deutschland und die Farbstoffe außer dem Waid.

Für den Anfang der Färberei in Deutschland kann man keine bestimmte Zeit festsetzen. Unbelauscht von der Geschichte ist, wie überhaupt die älteste Periode der Gewerbe in Deutschland [1], die früheste Zeit der Entwickelung dieses Zweiges der Volkswirtschaft an uns vorübergegangen. Die Weberei stand bei den alten Germanen immer in hohem Ansehen, und so wird auch wohl das Färben gewebter Stoffe, wenn auch in rohester Form, sehr frühe geübt worden sein. Dafür, daß den alten Germanen auch vor ihrer Berührung mit den Römern die Kunst des Webens nicht unbekannt war, haben wir mancherlei Zeugnisse [2]. Daß sie auch die Gewebe zu dieser Zeit färbten, können wir wohl mit Sicherheit annehmen. So wird uns berichtet, daß die Weiber der Cimbern vor der Entscheidungsschlacht mit Marius schwarze Kleider anlegten [3], und Tacitus erzählt, daß in Deutschland bei den Frauen leinene Gewänder mit roten Streifen gebräuchlich waren [4]. Von den Goten wird berichtet, daß sie bei ihrem Zuge nach Italien neben der Pelzkleidung grüngefärbte Kriegsmäntel trugen [5]. Das Tragen von roten, blauen und grauen Stoffen wurde dann im Laufe der ersten Jahrhunderte bei den Vornehmen und Begüterten immer mehr üblich [6]. Wie alle Gewerbe, so war auch die Färberei in frühester Zeit häusliche Tätigkeit; denn der ganze Bedarf der Bevölkerung an gewerblichen Erzeugnissen wurde damals nicht durch berufsmäßige Handwerker [7], sondern im Hause durch Hausgenossen befriedigt. Als dann zur Zeit der Karolinger der Großgrundbesitz

[1] Wilhelm Stieda, Zunftwesen im Hauptwörterbuch der Staatswissenschaften 2. Aufl., VII, S. 1013.
[2] Schmoller, a. a. O. S. 354.
[3] Karl Weinhold, Die deutschen Frauen im Mittelalter, Wien 1882, S. 270.
[4] Weinhold, a. a. O. S. 219.
[5] Weiß, Kostümkunde, Bd. II, S. 298.
[6] Schmoller, a. a. O. S. 355.
[7] Stieda, Zunftwesen S. 1013.

den Stand der freien Bauern an wirtschaftlichem, politischem und gewiß auch technischem Fortschritte überholt hatte, dürfen wir die Färberei, wie sie in den Frohnhofswirtschaften und Klöstern[1] betrieben wurde, als die höchste Stufe ansehen, welche diese gewerbliche Tätigkeit erreicht hatte, bevor sich vom Beginn des 11. Jahrhunderts an die städtischen Formen des Gewerbes entwickelten[2].

Über die Farbstoffe und die Technik des Färbens in frühester Zeit ist nichts bekannt. Es scheint, daß die wichtigsten mittelalterlichen Farbstoffe Waid, Krapp, Kermes seit frühester Zeit in Deutschland Verwendung gefunden haben, da sie bereits in der Landgüterordnung Karls des Großen aufgeführt werden. Es heißt daselbst im 43. Kapitel[3]: ad genicia nostra, sicut institutum est, opera ad tempus dare faciant id est linum, lanam, waisdo[4], vermiculo[5], varentia[6], pectines, laminas, cardones, saponem, unctum, vascula et reliqua minutia, quae ibidem necessaria sunt. Sehr große Bedeutung wird die Färberei in den Frohnhofswirtschaften und Klöstern nicht gehabt haben, da das Tragen gewebter und gefärbter Stoffe immerhin einen gewissen Wohlstand der Bevölkerung voraussetzt.[7] Erst als im 12. und 13. Jahrhundert das städtische

---

[1] Jahrbücher f. Nationalökonomie und Statistik v. Bruno Hildebrand 6. Bd., S. 215 u. f.

[2] Chr. Jasper Klumker, Der friesische Tuchhandel zur Zeit Karls des Großen und sein Verhältnis zur Weberei jener Zeit. Diss. Leipzig 1899.

[3] Capitulare de villis C. 43.

[4] waisdo = waid.

[5] vermiculo = Scharlachwürmchen, Kermes.

[6] varentia = Krapp.

[7] Wenn wir während dieser Zeit an den Höfen der Fürsten auch kostbare ausländische Kleider finden, so trifft dies für den Adel und das Volk jener Zeit nicht zu, da damals diese Stoffe viel zu teuer waren und selbst der Adel noch nicht die Mittel besaß, sich derartigen Luxus zu gestatten. Die damals häufig „purpurgekleidete“ Dienerschaft an den Höfen der Fürsten trug nur mit Krapp oder Kermes zu Hause gefärbte Stoffe. Auf keinen Fall war es tyrischer Purpur; denn noch zur Zeit der Ottonen waren derartige Stoffe fast ausschließlich Ehrengeschenke griechischer Kaiser oder persisch-arabischer und spanisch-maurischer Kalifen. Der echte orientalische Purpur war noch im 12. Jahrhundert ein Gegenstand, über den lediglich der byzantinische Kaiser zu verfügen das Recht hatte, und noch um 1100 übersandte der griechische Kaiser Alexius I., zufolge einer Übereinkunft, dem deutschen Kaiser jedes Jahr einige Purpurstoffe. Wenn auch nach den Kreuzzügen der Handel mit dem Orient bedeutend erweitert wurde und die orientalischen Prachtstoffe in weiterem Umfange nach Deutschland kamen, so konnten diese wegen ihres ungeheuren Preises nie großen Absatz finden, zumal die seit altersher in Deutschland betriebene Weberei und Färberei zu dieser

Leben einen beherrschenden Einfluß auf die Volkswirtschaft gewann und immer weitere Schichten der Bevölkerung sich eines allgemeinen Wohlstandes zu erfreuen begannen, stieg der Bedarf an gewebten und gefärbten Stoffen ganz gewaltig. Die Tuchmacherei und Weberei wurde bald der bedeutendste Zweig der deutschen Volkswirtschaft. Von den 35 Zunfturkunden vor 1300, die Stieda[1] benutzte, bezieht sich die größte Zahl auf die Weber und Tuchmacher, was sicher ein Beweis dafür ist, daß schon im 13. Jahrhundert die Darstellung von Geweben das wichtigste Gewerbe war. Der große Wohlstand, der in den letzten Jahrhunderten des Mittelalters in Deutschland herrschte, wurde zum größten Teil durch die damals so außerordentlich blühende Textil-Industrie[2] und vielleicht auch nicht zum geringsten durch den Anbau von Farbpflanzen bedingt. Es war für die Entwickelung der Weberei außerordentlich günstig, daß die im Mittelalter in Europa gebräuchlichen Farbstoffe im Lande selbst gebaut wurden. War Deutschland zu dieser Zeit gezwungen, englische Wolle in bedeutenden Quantitäten einzuführen, um Rohstoffe für die Tuchweberei zu erhalten, so produzierte es die hauptsächlichsten Farbstoffe im Lande selbst.

Die Grundfarben der mittelalterlichen Gewandung waren schwarz, blau, rot, gelb, braun und weiß[3]. Schon frühzeitig müssen die Farben sehr mannigfaltig gewesen sein, was strenge Sittenprediger veranlaßte, ihre rügende Stimme zu erheben. So sagt schon im 13. Jahrhundert Berthold von Regensburg[3]: „Ihr wißt

Zeit schon sehr treffliches leistete und immer stetig fortschritt. Die blauen, scharlachroten und grauen Gewänder, die Karl der Große an Harun al Raschid sandte, zeigen, daß zu dieser Zeit schon die heimischen Färbereien vorzügliches leisteten. (Vergl. Weiß II. Bd., S. 323 u. f.)

[1] Stieda, Zunftwesen 1876, §§ 131—133.

[2] Hildebrand, Jahrb. f. N. u. St. 6. Bd., S. 186 u. f.

[3] Karl Weinhold, a. a. O. II, S. 269.

Besonders beliebt war im Mittelalter die Mehrfärbung oder richtiger Mehrteilung. Die einfachste Art, dies zu tun, war, daß man die ganze Bekleidung durch 2 verschiedene Farben geradezu in 2 Hälften teilte, so daß ein derartig Bekleideter, von vorne und vom Rücken gesehen, etwa halb blau, halb rot oder dergleichen, dagegen von der Seite betrachtet, je nachdem rechts oder links, durchgängig blau oder rot erschien. Als im Jahre 1459 dem Fürsten von Hessen der Pfalzgraf am Rhein mit 1300 Reitern zur Hilfe kam, waren diese in blau und weiss, sämtlich geteilt, gekleidet. Von Bernhard von Rohrbach, einem reichen Stutzer in Frankfurt a. Main, berichtet die Chronik dieser Stadt, daß er um 1464 sich ein „gedeilt Kleit“ machen ließ, „rot und wiß, zu eyn Farbe uff der lynken Sitten und mitten uff der Hosen als das rothe und wyß zusammen genegt.“ Ähnlich bekleidet gingen auch seine Diener. Bei weitem häufiger pflegte man

nicht, wie Ihr mit dem Gewande und der Haltung Eures Leibes gebaren sollt vor eitel Hochfahrt. Euch genügt nicht, daß Euch unser Herrgott gegeben hat rotes Gewand, grün und gelb und blau und weiß und schwarz. Ihr wollet es auch sprenglicht machen wie die Vögel, bald hellglänzend, bald dunkel." Bereits in der 2. Hälfte des 12. Jahrhunderts erfreute sich Ypern seiner gefärbten Tücher wegen eines weitverbreiteten Rufes, und bald darauf erwarben sich Flandern und Regensburg großen Ruhm. Auch Wien hatte frühzeitig vorzügliche Färbereien. Als im Jahre 1240 die Wiener den Herzog Leopold von Österreich in Wien mit großem Gepränge empfingen, da beschenkten ihn die dortigen Kaufleute mit:

— — — gut gewant,
so man sie pest vail vant,
gruene, blaw, braw, scharlach
und darcu ander reich vat[1].

In der Schweidnitzer Tuchweberordnung von 1335,[2] der Stendaler von 1354[2] und der Frankfurter von 1355[2] ist schon von blauen, schwarzen, aschgrauen, grünen, roten, gelben und braunen Tüchern die Rede. In den Hanseatischen Urkunden aus dem Mittelalter werden schon ziemlich früh folgende Farben erwähnt[3]:

blaw, blau (auch oft plav oder plaw geschrieben),
zartblaw, zartblau,
lichtblaw, lichtblau,
hemelblaw, himmelblau,
satblaw, dunkelblau,
middelblaw } mittelblau,
halveblaw }
lesurblaw, lasurblau.

die Halbierung derart anzuordnen, daß von der Bekleidung des oberen Körpers die linke Seite mit der rechten der Bekleidung des unteren Körpers und wiederum von jener die rechte Seite, mit der linken von dieser zusammenstimmte. Zuweilen aber wechselte man nicht selten auch hierbei ab, indem man bei solcher 4fachen Teilung, ohne Rücksicht auf Zusammenklang diese Seiten entweder zu zweien oder sogar insgesamt von einander verschieden färbte, sie dann auch überdies, unter Beachtung ähnlichen Wechsels, durch aufgenähte farbige Streifen ausstattend. So waren 1473 die Krieger von Augsburg dreifarbig gekleidet. (Weiß, Bd. III, S. 234 u. 611.)

[1] Weiß, a. a. O. S. 324.

[2] Schmoller, a. a. O. S. 446. — Cod. Dipl. Siles. VIII, S. 16.

[3] Hans. Urkund. Bücher. II. III u. f.

satbrun } dunkelbraun,
dusterbrun }
brun, braun.

ghell, gelb.

graw } grau,
griseus }
mysselgraw, gemischtgrau.

groene, grün,
lichtgroene, hellgrün,
meygroene, maigrün,
sattgroene, dunkelgrün.

roede } rot,
rubeus }
blutroede, blutrot,
pfirsichfarben.

scharlek } scharlach,
skarlak }
brunskarlak, braunscharlach,
rotskarlak, rotscharlach.

swarte } schwarz,
black }
gemenget, gemischtfarbig,

Die Art und Weise, wie diese eben geschilderten Farben erzeugt wurden, ist nicht bekannt, da Färberrezepte aus damaliger Zeit nicht mehr erhalten sind; doch können wir immerhin aus einigen noch vorhandenen Urkunden feststellen, welche Farbstoffe man dazu verwendete.

Schwarz und Blau in den verschiedensten Nuancen, Farben, die man wohl als die Hauptfarben bezeichnen kann, wurden fast nur durch Waid erzeugt[1]. Erst zu Ausgang des Mittelalters verwendete man zu Schwarz auch Rausch, Blauholz und Gallen. Auch zum

[1] Schreber, Hist.-phys. u. ökonom. Beschreibung des Waides S. 101 u. f. — Herm. Knothe, Geschichte des Tuchmacherhandwerks in der Oberlausitz S. 279. — Cod. Dipl. Siles. VIII, S. 16 u. f. und 125 u. f. — C. Wehrmann, Die älteren Lübeckischen Zunftrollen S. 33. — Coler, Libri oeconomici V, S. 181. — Artikel 27 der Wollenweberordnung der Markgrafschaft Baden i. Mone: Zeitschrift für die Geschichte des Oberrheins, Bd. IX, S. 151. — Ehrenberg, Hamburg und England im Zeitalter der Königin Elisabeth S. 291 u. f.

Färben von Grün und zur Nuancierung von Rot wurde Waid verwendet[1]. Es kann nicht genau festgestellt werden, ob das mittelalterliche Schwarz überhaupt nur ein sehr dunkles Blau war, denn mit Waid allein konnte man jedenfalls Echtschwarz nicht färben. Nun ist es auch möglich, daß man durch geschickte Nuancierung mit roten und gelben Farben, man hatte ja seit altersher Krapp und Scharte, ein echtes Schwarz erzeugte. Jedenfalls war die Eisen-Gallenfärberei im eigentlichen Mittelalter unbekannt, und man hatte keinen anderen Farbstoff als Waid. Man half sich vielleicht auch damit, daß man eine sehr konzentrierte Waidküpe ansetzte und nur einige Tücher färbte, da die späteren zu blau wurden. So berichtet Coler[2]: „Wenn der Waid noch bei seiner vollkommenen Kraft ist, so werden die Tücher öfter im Farbeküpel oder -faß durchgezogen, damit sie ihre rechte schwarze Farbe bekommen. Wenn aber von wegen solcher vielfältigen Nutzung an, seine Kraft etwas geringer worden, pflegen sie darnach auch andere Farben damit zu machen, als blau, item braune und grüne Farbe“. Daher erklärt sich auch die große Wichtigkeit des Waides, der für das mittelalterliche Deutschland viel grössere Bedeutung hatte, als für das Altertum der Purpur und für die neuere Zeit der Indigo. Man könnte fast den Waid als den mittelalterlichen Universalfarbstoff bezeichnen. Der große Verbrauch schwarzer, blauer und grüner Gewebe im 14., 15. und 16. Jahrhundert, einer Zeit, in der infolge des stetig wachsenden Wohlstands der Bevölkerung die Obrigkeit sich veranlaßt sah, gegen den überhandnehmenden Kleiderluxus einzuschreiten[3], zeigt wohl am besten, welche volkswirtschaftliche Bedeutung der Waidbau für Deutschland hatte. Auch in Italien, wo die Färberei zweifellos höher entwickelt war als bei uns, wo ausländische Farbstoffe viel wohlfeiler zu haben waren, war während des 12., 13., 14. und 15. Jahrhunderts der Waid der wichtigste Farbstoff. In Florenz[4] wurden nicht nur schwarze oder himmel-, hell- und dunkelblaue Tücher mit Waid gefärbt, vielmehr auch rotbraune, dunkelbraune und tief purpurne Stoffe, obgleich Italien diesen Farbstoff

---

[1] Hildebrand VI, S. 208. — Doren, Die Florentiner Wollentuch-Industrie vom 14.—16. Jahrhundert, Stuttgart 1901, S. 48. — Schreber, a. a. O. S. 101 u. f.

[2] Coler, a. a. O. V, S. 181.

[3] Herm. Weiß, Bd. III, S. 221. Schon 1400, schreibt ein Chronist, war ein so großer Überfluß an prächtigen Gewand und Kleid der Männer und Frauen, als noch nie zuvor.

[4] Doren, a. a. O. S. 48/49, 82 u. 312.

zum Teil vom Auslande beziehen mußte. Die Waidfärber nahmen auch dort die erste Stelle unter den Färbern ein.

So erklären sich auch die strengen Vorschriften und Untersuchungen des Waides, von denen es schon 1335[1] in der Schweidnitzer Tuchweberordnung heißt: „keynir sal nicht kouffen vnvorsuchten weyt; welchir weyt vorsucht, der sal nicht nicht me dor vs verbin, den czwei tuch geworcht.“ Ebenso zeigen dies die so frühzeitigen Waidstapelplätze in Schweidnitz[2] und Görlitz[2].

Rot. Zum Färben roter Stoffe konnte man Krapp, Lackmus, Brasilholz und Lacca verwenden. Man kann aber wohl mit Sicherheit annehmen, daß Rot meist nur mit dem alteinheimischen Krapp oder mit den von den Hanseaten eingeführten Flechtenfarbstoffen (Lackmus) erzeugt wurde. Die Verwendung von Brasilholz oder Lacca kann sich nur auf ganz besonders kostbare Gewebe erstreckt haben, da diese Farbstoffe im Mittelalter sehr hoch im Preise waren. Brasilholz kostete 1409 in Venedig pro Zentner 28 bis 36 Dukaten[3] und 1412 wurde in Frankfurt a. M. für 1 Pfd. $1^1/_2$ Groschen bezahlt[3]. Lacca kostete 1409 pro Zentner 23 Dukaten und soll bis zu 60 Dukaten im Preise gestiegen sein[3]. Man muß sich überhaupt wundern, weshalb man derartige Preise bezahlt hat; da man doch im Krapp einen viel schöneren und dauerhafteren Farbstoff hatte. Als mit der Entdeckung Amerikas Brasilholz in Menge nach Europa kam, läßt sich seine große Anwendung infolge seines niederen Preises erklären. Aber in der damaligen Zeit lag kein Grund vor, Brasilholz dem Krapp vorzuziehen.

Gelb. Zum Färben von gelben Stoffen konnte man Safran, Safflor, Wau, Scharte, Ginster verwenden. Hiervon kann man nur Safran und Safflor als ausländische Farbstoffe bezeichnen, und auch nur zum Teil, denn beide wurden auch während des Mittelalters in Deutschland gebaut. Hildebrand gibt nun an[4], daß zum Färben von Gelb nur Safran und Safflor verwendet worden seien. Diese Anschauung können wir durchaus nicht teilen, denn schon 1335 wird Scharte in der Schweidnitzer Tuchweberordnung erwähnt[5]. Wenn auch Safran und Safflor in Deutschland im Mittel-

[1] Codex Diplomaticus Silesiae, Bd. VIII, S. 17, § 7 u. 12.

[2] Ebenda S. 44. — Knothe, a. a. O. S. 258.

[3] Wilhelm Stieda, Hansisch-Venetianische Handelsbeziehungen im 15. Jahrhundert, vergl. S. 96/97, 100, 123.

[4] Hildebrand, Bd. VI, S. 211.

[5] Cod. Dipl. Siles., Bd. VIII, S. 18, § 21.

alter angebaut wurden oder von Italien nach Deutschland kamen, so kann ihre Anwendung in der Färberei wegen des teueren Preises nur sehr beschränkt gewesen sein; die große Einfuhr des Safrans nach Deutschland ist vielmehr auf seine Benutzung als Gewürz zurückzuführen. Wau, Scharte, Ginster sind viel ergiebigere und vor allem billigere Farbstoffe als Safran und Safflor, und es wäre doch sonderbar, wenn man die Farbstoffe, die man im Lande selbst genügend hatte und seit alter Zeit anwendete, durch teuerere ausländische Farbstoffe ersetzt hätte; wurde doch Wau selbst in Italien zum Gelbfärben verwendet[1].

Braun erzeugte man durch Nuancieren von rot mit gelben Farben oder durch Nußbaumrinde und Nußschalen[2].

Scharlach war eine im Mittelalter sehr beliebte und wegen ihrer Kostbarkeit von hohen Personen bevorzugte Farbe. Sie wurde durch deutschen wie auch levantischen Kermes erzeugt[3].

Das Färben geschah in den Färbehäusern oder Färbestuben, die in ältester Zeit der Stadt oder der Zunft gehörten, in späterer Zeit aber meist in Besitz der Färber übergingen. In den Bernstadter Tuchmacherstatuten von 1370 heißt es[4]: „Das erste, daß sie sollen haben ein Färbehaus, das da steht und gelegen ist in der Badegasse, davon sollen sie geben einen Groschen Zins an die Stadt.“ In ältester Zeit wurde meist nicht das fertige Gewebe, vielmehr die Wolle oder das Garn gefärbt[5]. Die Wolle mußte, bevor sie zum Färben tauglich war, von dem anhaftenden Fette befreit werden und wurde zu diesem Zwecke in großen Kufen mit Harn behandelt[6]. Die so vom Fett befreite Wolle wurde dann in die Färbebrühe, die durch Abkochen verschiedener Färbesubstanzen hergestellt wurde, gebracht und gefärbt. Entweder gleichzeitig oder nachträglich wurden die in die Färbebrühe[6] versenkten Stoffe mit den entsprechenden Beizen behandelt[6].

Als Beizen[7] oder sonstige Hilfsmittel benutzte man während des Mittelalters Pottasche[8], Weinstein[9], Alaun[10], Kupferwasser und

---

[1] Doren, a. a. O. S. 81.

[2] Doren, a. a. O. S. 81.

[3] Hildebrand VI, S. 204.

[4] Knothe, a. a. O. S. 280.

[5] Schmoller, a. a. O. S. 447.

[6] Hellot, Färbekunst S. 37 u. f.

[7] Diejenigen Stoffe, durch deren Anwendung auf den zu färbenden Fasern Verbindungen erzeugt werden können, welche geeignet sind, Farbstoffe im un-

Eisenvitriol[1], Essig, Kupfervitriol[1], Urin[2], vielleicht auch Grünspan[3] und Arsenverbindung.[4]

Nur die Waidfärberei geschah ganz abweichend nach besonderer Methode. In einem mit Wasser gefüllten Kessel wurde etwas Krapp[5] und Kleie[6] ca. 3 Stunden erhitzt. Nachdem dies geschehen war, wurde die kochende Flüssigkeit in die Färbekufe gebracht, mit der nötigen Menge Waid versetzt und, nachdem man sie mit einem Tuche bedeckt hatte, einige Stunden der Ruhe überlassen. Nach dieser Zeit rührte man die Flüssigkeit wiederholt tüchtig um, setzte Asche[7] (Alkali) hinzu und überließ sie dann so lange der Ruhe, bis die Küpe[7] zum Färben tauglich war. Alle

löslichen Zustand niederzuschlagen und so die Befestigung dieser Farbstoffe auf der Faser zu ermöglichen, werden unter der Bezeichnung: „Beizen" zusammengefaßt. Vergl. v. Cochenhausen in Muspratts Chemie III, S. 14 u. f.

[8] Pottasche wurde im Mittelalter sehr häufig als Waidasche bezeichnet, da sie ihre Hauptverwendung zum Ansetzen der Waidküpe fand. Sie wurde in frühester Zeit aus Holzasche, in späterer durch Verbrennung von Bäumen erhalten. Die Hanseaten trieben damit einen schwunghaften Handel nach England und Flandern. Hans. Urk.-Buch II, 266; II, 642, Va. 13. 83 u. f.

[9] Weinstein wurde als Ablagerung in den Weinfässern erhalten.

[10] Alaun, eine der wichtigsten Beizen des Mittelalters, wurde fast ausschließlich aus Italien bezogen. Die Italiener führten Alaun sehr viel aus der Levante ein, bis man in Italien selbst Alaunlager entdeckte, um deren Besitz daselbst blutige Kriege geführt wurden. Zu Ausgang des Mittelalters wurde dann auch in Deutschland Alaun gewonnen. W. Heyd, Geschichte des Levantehandels im Mittelalter II, S. 550 u. f. — Doren, a. a. O. S. 82.

[1] Kupferwasser und Eisenvitriol wurden in Deutschland hergestellt und vielleicht auch nach dem Auslande versandt; denn Deutschland gehörte im Mittelalter zu den wichtigsten Bergbaugebieten Europas und war der bevorzugte Aufenthaltsort der Alchemysten. Aber erst zu Ausgang des Mittelalters, seit dem Aufkommen der Gallenfärberei, haben diese Beizen grössere Verwendung in der Färberei gefunden.

[2] Urin fand bis in die Neuzeit große Verwendung als Hilfsmittel in der Färberei; hauptsächlich wurde er zum Entfetten der Wolle verwendet. Hellot, Färbekunst S. 32 u. f.

[3] Grünspan scheint erst im 15. Jahrhundert öfter in der Färberei benutzt worden zu sein. Er wurde früher aus Frankreich bezogen, doch seit Ende des 15. Jahrhunderts wurde er auch in Deutschland, z. B. in Köln, fabriziert. — Stieda, Hans. Venet. Handelsbeziehungen S. 106.

[4] Ebenda S. 101.

[5] Der Krapp diente infolge seines Zuckergehaltes gleichfalls als Gährungsmittel und sein Zusatz war insofern noch günstig, als sein Farbstoffgehalt dunkle Töne erzeugte.

[6] Kleie wurde nur als Zusatz, dank ihrer Eigenschaft, leicht in Gärung zu geraten, verwendet.

[7] Küpe nennt man in der Färberei eine derartig bezeichnete Farbebrühe. Diese Waidküpe hat sich bis in unsere Tage in der Indogofärberei erhalten;

diese Operationen erforderten viel Übung und Geschick, da je nach der Witterung, der Qualität des Waides etc., die Ansetzung der Küpe Abweichungen erforderte. Die Wolle, die man nun in die Küpe brachte, sah zuerst grün aus, wurde aber an der Luft bald dunkel bis schwarzblau. Je länger man mit einer Küpe färbte — man konnte mit einer Küpe ca. 1 Woche färben — um so heller wurden die Stoffe; in den letzten Tagen konnte man mit der Küpe nur noch grün färben. Man hatte es so in der Hand, alle Nüancen zu erzeugen. Je mehr Waid man verwendete und je besser er war, um so dunklere Farben konnte man erzielen; je weniger man von dem Farbstoff nahm, um so heller wurden die Tücher. Durch Zusatz von roten Farben, wie Krapp etc., konnte man purpurartige Gewänder färben, bei Zusatz von gelben Farbstoffen, wie Wau oder Scharte, erzeugte man Grün.

Für das gute Färben der Wolle suchte man nicht nur allein dadurch zu sorgen, daß man, wie in Nürnberg[1], die Färber bei den Heiligen schwören ließ, die Wolle wohl zu sieden, sondern man ging weiter. Man bestimmte in Aachen 1387, welche Wollenmenge auf einmal, in bestimmten Kufen mit bestimmter Färbemenge eingelegt werden durfte[1]; man verbot in Schweidnitz 1335 geschlagene blaue Wolle nachträglich grün und schwarz oder graue rot zu färben[2]. Man verpönte in Liegnitz, braune Wolle unter die blau zu färbende zu nehmen. Gewisse Wollsorten durften überhaupt nicht gefärbt werden, so in Köln 1332 die Lämmerwolle und die mit Bogen geschlagene Wolle. Alle gefärbten Tücher wurden vor dem Verkauf von besonders angestellten Personen, meistens waren es Färber, auf ihre Güte geprüft und mit einem bestimmten Zeichen versehen. Das Muster, nach dem sich die Meister richteten, hieß „stal". Je nach der Güte der gefärbten Tücher unterschied man „enkeltstal, anderhalbstal oder doppelstal".

Die mit der Ausübung der Färberei betrauten Personen, die Färber, kommen in frühester Zeit nicht als eigene Zunft vor, sondern gehören zur Tuchmacher- oder Weberzunft. Wenn wir auch in einigen Städten frühzeitig Färber antreffen, so in Wien[3], Regensburg[3] und Nürnberg[3], so müssen wir doch die Annahme

---

der Zusatz von Pottasche diente dazu, die bei der Gärung entstehenden Säuren, die Kohlensäure, Essigsäure, Buttersäure, Milchsäure etc., zu neutralisieren.

[1] Schmoller, a. a. O. S. 444 und 446.

[2] Ebenda S. 446. — Cod. dipl. Siles., Bd. VIII, S. 16 u. 125.

[3] Schmoller, a. a. O. S. 364. — Roth, Geschichte des Nürnberger Handels, Bd. III, S. 235. — Sander, Die reichsstädtische Haushaltung Nürnbergs S. 61. — Hildebrand VII, S. 97. — Daß man häufig Färber aus den Niederlanden,

Schmollers[1], daß bis ins 16. Jahrhundert das Tuchmachen und Färben als ein Geschäft betrachtet wurde, als zutreffend ansehen.

Die im Mittelalter zum Färben der Gewebe verwendeten Farbstoffe waren, wie wir sahen, schon sehr mannigfaltig; doch war der wichtigste von allen der Waid, da er größere Verwendung hatte als alle anderen zusammen. Um die Bedeutung des Waides und seine spätere Verdrängung durch den Indigo richtig zu verstehen, ist es nötig, auch die anderen Farbstoffe kurz zu besprechen. Wir glauben dies um so mehr tun zu müssen, da über die Textilfarbstoffe der früheren Zeit noch viel Dunkelheit herrscht. All die vielen Forschungen über Handel und Gewerbe früherer Zeiten berücksichtigen die Färberei und den Anbau von Farbstoffen nur nebensächlich, so daß häufig ein unklares und falsches Bild von der Verwendung und Bedeutung mittelalterlicher, einheimischer Farbstoffe entstanden ist. Nach der fast allgemein herrschenden Ansicht hätten die Italiener Deutschland während des Mittelalters mit den wichtigsten Farbmaterialien versehen[2]. Wir können nach unseren Untersuchungen diese Anschauungen nicht teilen, da wir nachweisen werden, daß Deutschland zu dieser Zeit seine wichtigsten Farben nicht nur selbst genügend produzierte, vielmehr regelmäßig damit das Ausland versorgte. Gewiß bezog Deutschland von Italien einige Farbstoffe; doch ist deren Einfuhr nicht größer, als der Export heimischer Farbstoffe. Die im Mittelalter zum Färben der Gewebe verwendeten Farbmaterialien sind einerseits die einheimischen Waid, Krapp, deutscher Kermes, Wau, Rausch, Ginster, Scharte, Erlenrinde, Nußschalen, Eichenrinde, sowie die durch Vermittelung der Hanseaten aus den nordischen Reichen eingeführten Flechtenfarbstoffe und andererseits die ausländischen, durch Vermittelung der Italiener eingeführten, wie Brasilholz, Rotholz, Sandelholz, Lacca, levantischer Kermes, Safran, Safflor. Orseille und Gallen werden zwar schon in dem Tarif von Como[3] angeführt, doch wurden sie erst zu Ausgang des Mittelalters mehr in der deutschen Färberei verwendet, weshalb wir sie später betrachten werden.

---

wo die Färberei höher entwickelt war als im übrigen Deutschland, nach verschiedenen Gegenden des Reiches rief, trug viel mit zu deren Selbständigkeit bei. Schmoller, a. a. O. S. 364.

[1] Schmoller, a. a. O. S. 443 u. f.

[2] Kielmeyer, Die Entwickelung der Färberei, Bleicherei und Druckerei in Dinglers polyt. Journal, Jahrgang 1879 Bd. 234, S. 63 u. f. — v. Cochenhausen, Farbstoffe und Färberei in Muspratts Chemie, III. Teil, S. 1.

[3] Schulte, Geschichte des mittelalterlichen Handels und Verkehrs zwischen Westdeutschland und Italien mit Ausschluß von Venedig, I. Bd., S. 707/8.

Ausländische Farbstoffe.

Levantischer Kermes. Unter levantischem Kermes versteht man die getrockneten weiblichen Insekten der auf Eichen lebenden Kermesschildlaus[1]. Dieser Farbstoff wurde im Orient, Italien, Spanien und Frankreich gesammelt[2] und durch die Italiener nach Deutschland eingeführt[3].

Brasilholz, im Mittelalter als brusyllen, bresilligen, brysylyenholt, brasileum bezeichnet, ist das Holz der Caesalpinia sappan. Brasilholz scheint neben dem Kermes der gebräuchlichste ausländische Farbstoff im Mittelalter gewesen zu sein; doch läßt es sich vor den Kreuzzügen im Abendlande nicht nachweisen. In dem Zolltarife der Grafen von Jülich vom Jahre 1321[4] finden wir in Deutschland zuerst Brasilholz erwähnt. Es wird nach diesem Zolltarife von „1 centner bresilien hultze 4 groissine" Zoll erhoben. In einer Ratsverordnung von Köln, aus derselben Zeit stammend, wird gleichfalls Brasilholz erwähnt. Es heißt daselbst: „Eyn vremde Kouffman en sal neit myn verkouffen dan her na geschreven steit. . . . Item XXV punt bresilien holtz". In Königsberg wurde 1394 der Zentner Brasilholz mit 6 Pfund verkauft[5]. Der Preiskurant eines hanseatischen Kaufmanns Peter Karbow von 1409[5] unterscheidet 2 Sorten Brasilholz, 1. Cholobyn, d. h. von Kulam (Quilon), die bessere Sorte, von der der Zentner 36 Dukaten kostete; ihre rote Farbe war hell und klar. 2. Almeryn, d. h. von Sumatra, die geringere Sorte, von der der Zentner 28 Dukaten kostete. Auch in London[5] und Brügge[5] läßt sich Brasilholz sehr früh und oft nachweisen. Es scheint, daß die deutschen Kaufleute den Zwischenhandel mit diesen Ländern betrieben; so wurde noch 1466 Brasilholz von Köln nach Antwerpen geschickt[6]. Während des Mittelalters kam Brasilholz von Sumatra, Ceylon, Vorder- und Hinterindien über Italien nach Deutschland[7]. Erst nach der Entdeckung Amerikas kamen die größten Posten von dort.

Sandelholz, sandely rot, ist das Holz des Pterocarpus santalinus *Linn fil.*, der auf dem ostindischen Festlande, an der Küste

---

[1] von Cochenhausen, a. a. O. S. 253.
[2] Heyd, a. a. O. II, S. 609.
[3] Ebenda. — Schulte, a. a. O., I. Bd., S. 707.
[4] Quellen zur Geschichte der Stadt Köln Bd. I, S. 136 u. 137.
[5] Stieda, Hans. Venet. Handel. S. 96 u. f.
[6] Hans. Urk. 8, 290; 9, 349.
[7] Heyd, a. a. O. II, S. 578. — Schulte, a. a. O. I, 707.

Koromandel, und auf Ceylon gedieh. Es gab gelbes und weißes Sandelholz, sandoli bianchi e rosi; doch scheint, daß beide von verschiedenen Bäumen stammten[1]. Wir finden Sandelholz auch bereits in der vorhin erwähnten Kölner Rats-Verordnung von 1321 erwähnt. Es heißt darin: „Item XXV punt sandelhoultz."

Orseille wurde aus verschiedenen Flechten hergestellt. Nach einer Florentiner Tradition[2] wurde die Färbekraft der Orseille (Oricello) von einem Florentiner Kaufmann um 1300 entdeckt, indem dieser die Beobachtung gemacht haben soll, daß einige auf Felsen wachsende Flechten beim Behandeln mit Urin eine schöne violette Färbung gaben. Von diesem Kaufmann in die Färberei eingeführt, soll dann dieser Farbstoff 100 Jahre lang ein Geheimnis der Familie geblieben sein. Weit sicherer ist wohl aber die Annahme Cochenhausens[3], daß der Florentiner Kaufmann bei Geschäftsfreunden in der Levante die Orseille-Färberei kennen gelernt habe und nun in seiner Heimat, allerdings unter Geheimhaltung, davon Gebrauch gemacht habe. Hundert Jahre sollen die Italiener im Alleinbesitz der Orseille-Färberei gewesen sein, wenigstens ist wo anders nichts davon bekannt. Erst als 1402 die Kanarischen Inseln entdeckt und Orseille dort gefunden wurde, kann dieser Farbstoff nach Deutschland exportiert worden sein.

Lacca. Lacca ist ein harziger Saft, der aus den Zweigen verschiedener Bäume Vorder- und Hinterindiens durch den Stich einer Schildlaus, Coccus lacca, hervorquillt. Seine Hauptstapelplätze im Mittelalter waren Calecut und Kambaye, von wo Lacca über Italien nach Deutschland kam. In dem schon erwähnten Preiskurant Peter Karbows wird dieser Farbstoff mit 23 Dukaten notiert[4].

Safran, die getrockneten Blütennarben von Crocus sativus, wurde in Deutschland gebaut; doch kam er hauptsächlich von Venedig aus nach Deutschland in den Handel[5].

Safflor. Hierunter sind die getrockneten dunkelrotgelben Blumenkronen der Färberdistel, Carthamus tinctorius, zu verstehen[6]. Cochenhausen nimmt an[7], daß Safflor erst im 17. Jahrhundert

---

[1] Stieda, Hans. Venet. Handel. S. 105.
[2] Doren, a. a. O. S. 79.
[3] v. Cochenhausen, a. a. O. S. 227.
[4] Stieda, Hans. Venet. Handel. S. 100.
[5] Heyd, a. a. O. II, S. 645.
[6] v. Cochenhausen, a. a. O. S. 238.
[7] Derselbe S. 240.

in Deutschland verwendet wurde, allein wir finden diesen Farbstoff schon 1304 in einer Zollverordnung von Brügge erwähnt. Es heißt daselbst[1]: „Item trois bales ou roudelles de saffleur". Es scheint, daß während des ganzen Mittelalters Safflor von Deutschland nach den Niederlanden geschickt wurde. Guicciardini zählt noch zu Ausgang des Mittelalters Safflor zu den Waren, die Antwerpen aus Deutschland bezog[2].

Flechtenfarbstoffe, Lackmus. Unter Flechtenfarbstoffen sind hier die verschiedenen Rocella-, Lecanora- und Variolaria-Flechten[3] zu verstehen, die im Mittelalter als Litmoß oder Licmos zum Färben der Gewebe benutzt wurden. Hauptsächlich scheint man die Flechten Lichen pertusus, cinereus, rugosus, vendosus, hämadomo verwendet zu haben, da diese Flechten in Skandinavien wachsen. Die Benutzung von Farbflechten in Deutschland wird von allen uns bekannten Autoren als eine Errungenschaft erst der späteren Zeit bezeichnet. Es ergibt sich aber, daß diese Annahme nicht zutrifft, vielmehr ist die Benutzung von Flechtenfarbstoffen bei uns ganz alt. Längst schon, bevor die Italiener die Orseille (Flechtenmoos) zum Färben verwandten, haben die Deutschen mit diesem Farbstoff gefärbt. Beckmann[4], von Cochenhausen[4] und Kielmeyer[4] berichten, daß die Einführung der Orseille, also die Benutzung von Flechtenfarbstoffen in die Färberei ein Verdienst der Italiener sei, die um 1300 deren Anwendung gelernt hätten. Diese Annahme ist nicht mehr aufrecht zu erhalten, da wir gefunden haben, daß bereits vor dieser Zeit die Deutschen mit Lackmus gefärbt haben.

Aus einer hanseatischen Urkunde des Jahres 1316 ist zu ersehen, daß bereits zu dieser Zeit Lackmus ein ständiger Importartikel der hanseatischen Kaufleute war. In dieser Zollurkunde besteuert Hakon, König von Norwegen[5], nach Vereinbarung mit den hanseatischen Kaufleuten, Färbermoos mit einem halben Örtug Zoll. Hieraus können wir wohl mit Bestimmtheit schließen, daß zu dieser Zeit Färbermoos ständig von den hanseatischen Niederlassungen aufgekauft und nach Deutschland geschickt wurde. Wir

[1] Hans. Urk.-Buch III, 624.

[2] Karl v. Dalberg, Beiträge zur Geschichte der Erfurter Handlung S. 13.

[3] v. Cochenhausen, Muspratts Chemie III, S. 236.

[4] Beckmann, Beiträge zur Geschichte der Erfindungen, Leipzig 1786, I. Teil, S. 343 u. f. — v. Cochenhausen, Muspratts Chemie III, S. 1. — Kielmeyer, a. a. O. S. 63.

[5] Hans. Urk.-Buch II, 284.

müssen annehmen, daß schon viele Jahre vorher dieses Färbermoos von den deutschen Kaufleuten geholt wurde; denn schon 1308 verschifften die deutschen Kaufleute Lackmus nach England[1]. Zu dieser Zeit war in Italien die Orseille eben erst bekannt und wurde von dem Entdecker streng geheim gehalten. In einer Verordnung des Herzogs Albrecht von Bayern, Regenten von Holland, von 1363, für die Kaufleute des Reichs,[2] ist Lackmus bereits unter den Zollartikeln aufgeführt, es heißt daselbst: „Item van eener tonne lecmoes eenen penn. holl." 1389 findet sich Lackmus in dem Zolltarife Florenz von Utrechts[3]. 1391—1404 wurde Lackmus wiederholt von den Hanseaten nach England verschifft[4]. Auch zu diesen Zeiten war in Italien die Verwendung von Flechtenfarbstoffen noch Familiengeheimnis. Nach einem Verzeichnis der von den Danziger Ausliegern genommenen Schiffe und Waren, aus den Jahren 1458—1460, fanden sich auf einem Schiffe, das zwischen Danzig und den nordischen Reichen verkehrte, neben allerhand Waren auch 2 t Lytmuß; ein anderes barg $3^1/_2$ t Lytmoß[5]. In dem Zolltarife für den Handelsverkehr der Kaufleute Amsterdams in Husum, Flensburg und Schleswig von 1461 wird von 35 t Licmoß 4 s. Zoll erhoben[5]. In der Klage Danzigs gegen die Dänen von 1462, daß der König Christian ihre Landsleute durch Wegnahme der Schiffe und Ladungen schwer geschädigt habe, finden sich bei der Aufstellung der einzelnen Waren: „4 vate litmoß die ston mit dem Ungeld 6 mark und 1 ferdung"[6]. Nach vorhandenen Aufzeichnungen aus der zweiten Hälfte des 15. Jahrhunderts zeigt sich, daß auch zu dieser Zeit Lackmus häufig von Danziger und Hamburger Kaufleuten nach England verschifft wurde[7].

Daß mit diesem Litmoß auch tatsächlich gefärbt worden ist, zeigt uns eine Urkunde von 1459[8], wo Gent, auf Bitten des hanseatischen Kaufmanns Rootmann, den Halleherren die Besiegelung von 6 mit Litmoß gefärbten Laken gestattete. Es kann somit gar keinem Zweifel unterliegen, daß die Anwendung von Farbflechten zum Färben der Gewebe in Deutschland viel früher bekannt war

---

[1] Karl Kunze, Hanseakten aus England, Halle 1891, No. 370.

[2] Hans. Urk.-Buch IV, 82.

[3] Hans. Urk.-Buch IV, 965.

[4] Kunze, a. a. O. No. 354, 355.

[5] Hans. Urk.-Buch VIII, 1094.

[6] Hans. Urk.-Buch VIII, 1160.

[7] Wilhelm Stieda, Über die Quellen der Handelsstatistik im Mittelalter. Verlag der Königl. Akademie der Wissenschaften, Berlin 1903, S. 15 u. 16.

[8] Hans. Urk.-Buch VIII, S. 793.

als in Italien und nicht auf italienische oder andere südliche Einflüsse zurückzuführen ist. Es ist nicht ausgeschlossen, dass die alten Germanen in Skandinavien, wenn auch in primitivster Art, die dortigen Flechten zum Färben benutzt haben, denn ein anderer Farbstoff als diese Flechten stand ihnen dort im Norden jedenfalls nicht zur Verfügung. Sie haben die Kenntnis dieses Farbstoffes von dort, dann später in Deutschland verwertet. Daß die Orseille aber in späterer Zeit, hauptsächlich im 17. und 18. Jahrhundert, so viel verwendet wurde, während die nordischen Flechten in ihrer Anwendung zurückgingen, beruht jedenfalls darauf, daß die südlichen Flechten mehr Farbkraft besaßen oder aber, daß die Italiener dieselben besser zuzubereiten verstanden.

Inländische Farbstoffe.

Krapp oder Färberröte. (In mittelalterlichen Urkunden als varantia, meeden, meden, rode oder röte bezeichnet.)

Unter Krapp ist der zerkleinerte Wurzelstock der zu den Rubiaceen gehörenden Färberröte, rubia tinctorum[1], und einiger Varietäten derselben zu verstehen. Obgleich der Krapp auch in einem derben, tonigen Boden oder auch im Sande angebaut werden kann, so liebt er doch ein mäßig fettes Erdreich[2]. Zur Zeit der Ernte werden die Wurzeln von den Stengeln getrennt, von dem anhaftenden Schmutze durch Waschen befreit und sodann in Darren getrocknet. Krapp ist die einzige Farbpflanze Deutschlands, deren Anbau von den ältesten Zeiten bis zur Entdeckung der künstlichen Farbstoffe wirtschaftliche Bedeutung gehabt hat. Erwähnt finden wir Krapp zuerst in der Landgüterordnung Karls des Großen[3], und wir können wohl annehmen, daß diese Farbpflanze auch in den nächsten Jahrhunderten regelmäßig bei uns angebaut wurde, denn bereits im 13. Jahrhundert mußte vom Krappbau der Zehnte abgeliefert werden[4].

In einer Zollordnung der Gräfin Margarethe von Flandern und Hennegau für die deutschen Kaufleute aus dem Jahre 1252[5] wird schon Krapp als ständiger Zollartikel erwähnt. Es heißt daselbst: „Scuta de varancia 2 Pfenn., astum navis varancia[5] 2 Pfenn."

---

[1] v. Cochenhausen, a. a. O. S. 215.

[2] Berthollet, Handbuch der Färbekunst, übersetzt von I. F. A. Göttling, II. Teil, S. 111, Jena 1792.

[3] Vergl. S. 5 dieser Arbeit.

[4] Dr. Karl v. Scherzer, Das wirtschaftliche Leben der Völker, Leipzig 1885, S. 256.

[5] Hans. Urk.-Buch I, 432.

Von den Gesetzen der Stadt Braunschweig hat sich aus dem Jahre 1352 eine Verordnung über Krapp erhalten, die uns sehr interessante Einblicke in die Krappkultur der damaligen Zeit gewährt[1].

Wir sehen aus diesen Verordnungen, daß in der Mitte des 14. Jahrhunderts der Krapp schon so im Überfluß kultiviert wurde, daß der Anbau dieser Farbpflanze durch strenge Gesetze eingeschränkt wurde. Es wurde verordnet, daß kein Bauer mehr als den dritten Teil seines Feldes mit Krapp bebauen durfte; wer mehr bestellte, mußte für jeden Morgen 4 Mk. Strafe an den Rat zahlen, und der geerntete Krapp fiel dem Rate zu. Jeder Bauer mußte schwören, den geernteten Krapp erst dann zu trocknen, wenn er vorher vor dem „stad ghērichte" gewaschen war. Das eigene Trocknen und Mahlen der so gewaschenen Krappwurzeln war nur denjenigen Personen gestattet, die hierzu vom Rate besondere Erlaubnis hatten. Wem der Rat keine Konzession verliehen hatte, mußte seinen Krapp gegen bestimmte Gebühren in den Ratsdarren trocknen lassen[2]. Das Waschen vor dem „stad ghērichte" geschah, um sichere Gewähr zu schaffen, daß die Krappwurzeln von dem anhaftenden Schmutz und kleinen Steinen genügend gereinigt wurden. Durch den Schmutz wurde die färbende Wirkung des Krapp ganz empfindlich geschädigt; die kleinen Steinchen verursachten beim Mahlen der Röte oft Feuer, so daß bisweilen die Mühlen in Brand gerieten. Man war deshalb bemüht, nur ganz zuverlässigen Personen das Trocknen und Mahlen der Krappwurzeln zu gestatten, den anderen Interessenten standen die Ratsmühlen und Darren zur Verfügung. Der Braunschweiger Krapp scheint in der damaligen Zeit sehr beliebt gewesen zu sein, und er wurde weithin exportiert. So hat sich aus dem Jahre 1385 ein Schreiben der Stadt Braunschweig an Lublin in Polen erhalten[3], worin die gute Beschaffenheit einer aus Braunschweig über Magdeburg nach Lublin verkauften Quantität Krapp bezeugt wird. In Schlesien war gleichfalls der Krappbau sehr frühzeitig eingeführt. So verbietet schon die Schweidnitzer Tuchweberordnung von 1335[4], Krapp zu kaufen: „dy is herbrengen vs vremdin landen". Auch in anderen Gegenden

[1] Braunschw. Urk.-Buch §§ 103, 104, 105, 106.

[2] Ähnlich wie diese alte braunschweigische Krappverordnung sind die Krappverordnungen in Schlesien aus dem 18. Jahrhundert. Bergius, Neues Polizei- und Cameralmagazin II, S. 296 u. f.

[3] Hans. Urk.-Buch IV, 845.

[4] Codex Diplomaticus Silesiae VIII. Bd., S. 18, § 21.

Deutschlands ist schon in der Mitte des 14. Jahrhunderts der Krappbau in größter Blüte gewesen. So beschränkte bereits im Jahre 1356 der Rat zu Speyer den Krappbau in seinem Gebiete[1]. Der Krapp wurde um diese Zeit schon so im Überfluß kultiviert, daß sein Anbau erschwert wurde, denn es wurde verordnet, „daß ein jar ir keinre hie zu Spire keine darre noch keine mule zu roten haben soll".

Der Anbau von Krapp muß um diese Zeit in Deutschland sehr lohnend gewesen sein, sonst würden sich nicht so viele Leute der Kultur dieser Farbpflanze gewidmet haben. Die Deutschen scheinen während des Mittelalters die flandrischen Städte regelmäßig mit Krapp versorgt zu haben, denn er wird in den Zolltarifen der flandrischen Regenten, die diese für die deutschen Kaufleute festsetzten, regelmäßig erwähnt. So heißt es schon 1363[2] in dem Zolltarife Albrechts von Bayern, Regenten von Holland, für die Kaufleute des Reichs: „Item van elker bale meeden[2] vir pen. holl." und 1389[3] wird in dem Zolltarife des Florenz von Utrecht gleichfalls Krapp versteuert. In dem geldrischen Zolltarif von 1399[4] heißt es: „Item van alker balen meeden eenen halven grooten" und in dem Zolltarif von Antwerpen von 1400, für die hanseatischen Kaufleute,[5] beträgt der Zoll: für „eenen balen meeden anderthalb nuven grooten". 1455[6] wird in einer Übereinkunft des Herzogs Philipp von Burgund mit den Deputierten der deutschen Kaufleute über die Zölle zu Geroliet und Gouda, der Ballen Krapp mit „eenen grooten" versteuert. 1468 bezog Antwerpen von einem hanseatischen Kaufmann noch „37 balen meden"[7]. Noch Guicciardini[8] zählt zu Ausgang des 16. Jahrhunderts Krapp zu den Waren, die Antwerpen mit Vorteil aus Deutschland bezog. Ein niederländischer Zolltarif von 1607 zeigt, daß noch zu dieser Zeit Krapp aus Deutschland, hauptsächlich aus der Gegend von Breslau, eingeführt wurde[9]. Unter den deutschen Produkten, welche die Hanseaten nach England führten, spielt neben dem Waid der Krapp immer eine Rolle. In einem noch erhaltenen Schadenverzeichnis hanse-

---

[1] Mone: Zeitschrift f. d. Geschichte des Oberrheins Bd. IX, S. 186.

[2] Hans. Urk.-Buch IV, 82. — In Flandern wurde zwar auch Krapp gebaut, aber für die dortigen blühenden Färbereien nicht genügend. Hans. Geschichtsblätter 1877—79 II, S. 49 u. 51.

[3] Ebenda II, S. 980.

[4] Ebenda V, S. 388.

[5] Ebenda V, S. 445.

[6] Ebenda VIII, S. 382.

[7] Hans. Urk. IX, S. 426, 453.

[8] Karl v. Dalberg, a. a. O. S. 13.

[9] Der Reichtum von Holland II, S. 54 u. f.

atischer Kaufleute an die Engländer, vom Jahre 1469, fordert der hanseatische Kaufmann Joris Tak, für 1 Ballen Krapp, der ihm in Colcester weggenommen ist, 5 Pfund Sterling[1]. Noch zur Zeit der Königin Elisabeth, wo England doch schon selbst diesen Farbstoff anbaute, wurde viel Krapp, hauptsächlich aus der Breslauer Gegend, daher auch Breslauer Röte genannt, über Hamburg nach England[2] geschickt. So exportierte Hamburg über Stade nach England noch zu Ende des 16. Jahrhunderts folgende Mengen Krapp[3]:

1597/98	1598/99	1600	1601	1602	1603
96 Faß	23 Faß	$26^1/_2$ Faß	$96^1/_2$ Faß	$87^1/_2$ Faß	$118^1/_2$ Faß
13 Ballen	8 Sack	2 Ballen		2 Ballen.	

Auch nach den nordischen Reichen wurde der deutsche Krapp versandt. In den Klagen Lübecks an den Hauptmann zu Wiburg, daß trotz der friedlichen Beziehungen zwischen Lübeck und König Christian, ihre Schiffe durch dänische Auslieger angehalten und beraubt worden sind, werden neben anderen Waren angeführt „$5^1/_2$ last medes“. Ein anderes Schiff führte „viff last medes“[4].

Wenn daher Krapp in den Tarifen von Como[5] als Ausfuhrartikel über die Alpen erwähnt wird, so kann dessen Ausfuhr nur ganz gering gewesen sein, denn wenn in der ersten Hälfte des XIV. Jahrhunderts in Deutschland schon so viel Krapp gebaut wurde, daß sein Anbau eingeschränkt werden mußte, so wäre es doch sehr sonderbar, wenn man in dieser Zeit vom Auslande Krapp bezogen hätte.

Rausch. Hierunter sind die getrockneten Beeren der zu den Empetreen und Vaccineen gehörenden heideartigen Sträucher, die viel in den Wäldern Deutschlands wild wuchsen, zu verstehen. Seine Hauptanwendung fand erst gegen Ausgang des Mittelalters statt. Hauptsächlich wurde in Augsburg[6], Leipzig[6] und der Lausitz[7] Rausch reichlich verwendet.

Wau oder Gelbkraut, ist das getrocknete Kraut von Reseda Luteola, einer in Deutschland wild wachsenden, aber sehr

---

[1] Hans. Urk.-Buch VII, S. 9, 541.

[2] Ehrenberg, Hamburg und England im Zeitalter der Königin Elisabeth, Jena 1896, S. 3, 9, 267, 297.

[3] Ebenda, S. 347.

[4] Hans. Urk.-Buch VII, S. 9, 254.

[5] Schulten, a. a. O. I, S. 707.

[6] Hildebrand VI, S. 212. — Dr. Otto v. Zwiedineck-Südenhorst, Die Färberei in Leipzig. Schriften des Vereins für Sozialpolitik 1895/96, V., S. 221 u. 222.

[7] Knothe, a. a. O. S. 280.

häufig auch kultivierten Pflanze[1]. Wau befindet sich bereits in der Zollordnung der Gräfin von Flandern und Hennegau über die Höhe des Zolls zu Damme, vom Jahre 1252[2]: „Quod est waute 4 s.“ Es scheint, daß er seit dieser Zeit in der Färberei regelmäßig verwendet wurde, da man ja mit Wau vorzügliche gelbe Farben erzeugen konnte. Die Hanseaten scheinen diesen Farbstoff schon früh nach England exportiert zu haben, da schon 1347[3] über die Verschiffung von Wau nach England durch die Hanseaten berichtet wird. Auch in Italien wurde um diese Zeit Wau sehr häufig zum Färben verwendet[4].

Färberscharte, von Ferratula tinctoria[5], einer sehr häufig auf Wiesen und in Wäldern wild wachsenden Pflanze, stammend, und Färberginser[5], von Genista tinctoria, einer in trockenen und bergigen Gegenden wachsenden Pflanze kommend, wurden viel zur Erzeugung gelber und grüner Farben verwendet. In Schweidnitz[6] wurde schon in der ersten Hälfte des 14. Jahrhunderts mit Scharte gefärbt, und sie wurde seit dieser Zeit regelmäßig von den Färbern benutzt.

Deutscher Kermes, auch polnischer oder Wurzelkermes genannt, ist gleich dem levantinischen Kermes das getrocknete Insekt einer Kermesschildlaus, das aber nicht von den Eichblättern, sondern von den Wurzeln anderer Pflanzen, Weggras, Wegtritt, Dünnkraut, hauptsächlich Scleranthus perennis, gesammelt wurde[7]. Es ist schwer, beide Sorten Kermes in früherer Zeit zu trennen[8], da es möglich ist, daß beide in Deutschland gefunden wurden. Schon zur Zeit Karls des Großen wurde Kermes in Deutschland gesammelt, da er in dessen Landgüterverordnung erwähnt wird[9]. Die Leibeigenen des 12., 13. und 14. Jahrhunderts mußten auf Befehl ihrer Grundherren Kermes sammeln[10]. 1211 gab Ger-

[1] v. Cochenhausen, a. a. O. S. 266.
[2] Hans. Urk.-Buch I, S. 432.
[3] Karl Kunze, a. a. O. S. 139.
[4] Doren, a. a. O. S. 80.
[5] Berthollet, a. a. O. S. 279 u. 280. — Knothe, a. a. O. S. 280.
[6] Cod. dipl. Silesiae VIII, S. 18, § 21.
[7] Friedrich, Chr. Jon. Fischer, Bd. I, S. 514. — Hellot, a. a. O. S. 233 u. f.
[8] Der deutsche Kermes ist sicher gesammelt worden, denn man hat dies in Deutschland, Polen und russischen Ländern bis ins 18. Jahrhundert getan, doch scheint es, daß im Mittelalter auch levantinischer Kermes gesammelt wurde; da derselbe in Frankreich häufig vorkam, so wird er wohl auch in süddeutschen Eichenwaldungen gefunden worden sein.
[9] Capit. de villis C. 43.
[10] Fischer, a. a. O. S. 513.

vas von Tilburg eine ausführliche Beschreibung des Scharlachwurmes und der Pflanzen an denen er sich aufhielt, eine Schilderung, die mit denen des 18. und 19. Jahrhunderts sehr gut übereinstimmt[1]. Zur Zeit der Hohenstaufen war die Scharlachfärberei bereits so weit vorgeschritten, daß Heinrich der Löwe dem griechischen Kaiser, Scharlachkleider, als vorzügliche heimische Erzeugnisse, zum Geschenk machen konnte[2]. Aus einem Verzeichnis der Güter und Einnahmen des Klosters Prüm aus dem Jahre 1222 geht hervor, daß zu dieser Zeit die Hörigen dieses Klosters Kermes suchen und an das Klosters abliefern mußten[3]. Das Gleiche gilt auch für das Kloster St. Emeran in Regensburg, wie ein Verzeichnis dieses Klosters aus dem Jahre 1301 zeigt. In Prüm und und Regensburg mußten diejenigen, welche Kermes nicht in natura abliefern wollten, oder wohl auch nicht konnten, eine bestimmte Summe Geldes zahlen[4]. Weil Kermes meist um Johanni gesammelt wurde, so nannte man ihn Johannisblut. Vermutlich hatte die Geistlichkeit diesen Namen gewählt, um die Lieferung von Kermes zu einer religiösen Verpflichtung machen zu können. Das Sammeln geschah Mittags zwischen 11 und 12 Uhr mit gewissen ehrerbietigen und andächtigen Gebräuchen.

In den flandrischen Zolltarifen treffen wir mehrfach Kermes an, doch scheint dies levantischer Kermes zu sein[5]. Das Einsammeln des Kermes geschah während des Mittelalters in ganz Deutschland hauptsächlich in der Mark Brandenburg[6], in Sachsen[6], in Pommern[6] und Preußen[6] und zwar in solchen Mengen, daß deutscher Kermesfarbstoff zur Ausfuhr gelangte. So erwähnt ein 1548 zu Venedig erschienenes Buch[7] über Färberei die deutschen Scharlachkörner und schätzt sie höher als die levantischen. Es heißt daselbst: „Um eine gute scharlachrote Farbe zu machen, müssen die Körner klein sein und von Teutschland kommen.“ Nach einem alten Färberezepte wurden zu 1 Pfund Seide 6—8 Pfd. märkischer oder 10—12 Pfd. levantischer Kermes gebraucht[8].

---

[1] Fischer, a. a. O. S. 514.

[2] Weis, a. a. O. S. 342.

[3] Beckmann, a. a. O. Bd. 3, S. 23 u. 24.

[4] Ebenda Bd. 3, S. 23 u. 24.

[5] Hans. Urk.-Buch I, 435. — Hans. Urk.-Buch II, 266, 658. — Hans. Urk.-Buch III, 499, 396. — Hans. Urk.-Buch IV, 82, 965.

[6] Hildebrand, VI. Bd., S. 205.

[7] Ebenda.

[8] Fischer, a. a. O. S. 514 u. 523.

B. Der Waid.

1. Anbau, Bereitung, Handel und Besteuerung des Waides.

Wann der Anbau dieser wichtigen Farbpflanze in Deutschland begonnen hat, ist schwer nachzuweisen. Plinius berichtet[1], daß die Frauen und Jungfrauen der Briten bei gewissen religiösen Festen sich den ganzen Körper mit einem Kraute, Glastum plantagini simile, einzureiben pflegten und dann nackend, nur mit diesem Anstrich bekleidet, einhergingen, so daß sie wie Mohren aussahen. Cäsar bemerkt[2], daß sich die Gallier ihren Körper mit einem Kraute, Glastum, das eine blaue Farbe gäbe, gefärbt hätten. Daß unter Glastum Waid zu verstehen ist, kann man wohl als sicher annehmen. Wahrscheinlich werden sich unsere Vorfahren in frühester Zeit auch mit dieser blauen Farbe bemalt haben, denn das Bemalen des Körpers mit Farben ist eine Erscheinung, die man bei allen Naturvölkern findet. Die erste urkundliche Nachricht über Waid, woraus wir mit Bestimmtheit seine Anwendung in der Färberei schließen können, finden wir in der schon erwähnten Landgüterverordnung Karls des Großen[3]. Um die Mitte des 11. Jahrhunderts mußten die Slaven aus dem Orlagau an das Kloster des heiligen Petrus zu Köln eine schwarze Farbe liefern, welche mit „worin"[4] bezeichnet wurde. Man kann wohl mit Bestimmtheit annehmen, daß dieser Farbstoff Waid war, da ja in so früher Zeit Schwarz fast nur mit Waid gefärbt wurde. Überhaupt war der Anbau des Waides in den östlichen slavischen Grenzländern in frühester Zeit schon in Blüte, und es ist anzunehmen, daß die Slaven schon vor ihrer Unterwerfung unter die Deutschen den Waid zum Färben benutzten[5], denn Blau ist eine Lieblingsfarbe der Slaven. Die erste Urkunde, aus der wir über größeren Anbau des Waid schließen können, stammt aus dem Jahre 1236[6]. In einer Verordnung des Grafen Adolf von Holstein, worin für die Kaufleute der Mark (gemeint ist Salzwedel und Stendal) der Zoll herabgesetzt wird, den

---

[1] Plinius, Hist. nat. libr. XXI, K. 1. — Weiß, a. a. O. Bd. I, S. 268 u. a.

[2] Cäsar, de bell. gallic. libri V, C. 14.

[3] Capit. de villis C. 43. Die Schreibweise des Wortes Waid ist in den ältesten Urkunden waisdo, wede, with, wit, weit, weyt, weydt.

[4] Heinrich Leo, Untersuchungen zur Besiedelung und Wirtschaftsgeschichte des Thüringer Osterlandes in der Zeit des frühen Mittelalters. Diss. Leipzig, 1900. S. 19. — Dobenecker, Regest. histor. Thur. I, S. 191.

[5] Moehsen, Gesch. der Wissenschaft i. d. Mark Brandenburg. Berlin, 1781, S. 208 u. f.

[6] Hans. Urk.-Buch I., 277. Hamb. Urkundenbuch, bearbeitet von Johann Martin Lappenberg, S. 433.

dieselben in Hamburg und bei der Warenausfuhr nach Flandern zu entrichten hatten, wird bestimmt: „Item de qualibet mesa wede[1], cum quo panni colorantur".

War also schon 1236 der Zoll auf Waid herabgesetzt worden, so ist doch sicher anzunehmen, daß schon viele Jahre vorher der Waid ein ständiger Zollartikel war. Wurde aber schon frühzeitig so viel Waid in der Altmark gebaut, daß derselbe außer Landes geschickt werden konnte, sogar bis Flandern, so ist wohl anzunehmen, daß in dieser Gegend bereits im 12. Jahrhundert Waid kultiviert wurde. In einer Zollurkunde Johanns I. und Gerhards I., Grafen von Holstein, vom Jahre 1262, für die Kaufleute der Mark Brandenburg, des Markgrafen von Meißen, des Erzbischofs von Magdeburg und des Herzogs von Braunschweig und Sachsen, sowie für alle fremden Kaufleute, welche Hamburg besuchten, sind interessante Angaben über Waid enthalten[2]. Es heißt daselbst: „Notandum etiam, quod mercatores marchionum de Brandenborch . . de decem mesis wede unam marcam argenti dederunt. Notandum etiam, quod mercatoribus marchionum de Brandenborch ex parte nostri specialiter est privilegiatum jus ipsorum . de mesa wede, cum quo panni colorantur, 21 s. Notandum est praeterea, quod mercatores marchionis Missnensis et alii innumerabiles de longinquis partibus venientes quondam dederunt ad ungeldum vicessimam marcam . nunc autem dicti homines et domini archiepiscopi Magdeburgensis mercatores et ducis de Bruneswic ac ducis Saxonie utuntur speciali jure quod dederunt . . . . . de mesa wede, 21 s." Die fürstlichen Brüder beurkunden hier gleichzeitig die zur Zeit ihres Vaters gültig gewesenen Zollsätze, welche durch Willkür der gesamten Kaufleute „vom Meere" geändert worden waren. Demnach scheint also schon zur Zeit des Grafen Adolf IV. der Waid ein ständiger Ausfuhrartikel der Mark Brandenburg, der Mark Meißen, des Erzbistums Magdeburg, sowie der Herzogtümer Braunschweig und Sachsen gewesen zu sein. In der Verordnung der Gräfin Margarethe von Flandern von 1252 wird Waid auch schon unter den Zollartikeln erwähnt, es heißt dort[3]: Cupa de weda 2 Pf., mesa sive tonna de weda 4 Pf." In der Zollrolle der Ritter Johann von Ghistelles und Wulfard von Wasdine für die

---

[1] Wede auch woade ist waid.

[2] Hans. Urk.-Buch III., 573. Dieselben Zollsätze finden sich auch in der Gräflich-Schauenburgischen Zollrolle für Hamburg von 1247. Hamb. Urkunden S. 545.

[3] Hans. Urk.-Buch I., 432.

Kaufleute des Reichs, auch aus dem Jahre 1252 stammend, heißt es[1]: „Dit ziin die toolnen ende die costumen, die de coopmans van den Roomschen keyserrike . Die waghen weeds 7 Pf., diet bringt ene carre 3 Pf., een scip weeds 7 Pf.“

In Thüringen wird 1250 zuerst Waid erwähnt. In des Schreibers Bartholomäus Nachweis aller Renten des Erzbischofs von Mainz vom Jahre 1250 heißt es[2]: „Denarius, qui dicitur Withphenik“ und „Denarius qui dicitur wit“.

Ebenso wird daselbst eine Waidgasse, inter weiteros, und ein Waidhändler erwähnt. In den Verkaufs-, Lehens- und Verpfändungsurkunden Erfurts aus den Jahren 1303, 1304, 1316 werden neben anderen Gerechtsamen auch immer Waidpfennige besonders hervorgehoben[3]. Als Rudolf von Habsburg 1290 mit Hilfe der Erfurter Bürger 60 thüringische Raubburgen zerstörte, führten die Erfurter Waidsamen mit sich und streuten diesen auf die Trümmer der zerstörten Burgen zum Zeichen, „daß Erfurt allda gewesen“[4]. Aber nicht nur um Erfurt, vielmehr in ganz Thüringen muß damals schon viel Waid gebaut worden sein. So berichtet die Naumburger Chronik[5], daß 1305 der Waidhandel in Naumburg besonders gewaltig und stark gewesen sei. Auch fanden bereits im 14. Jahrhundert Verhandlungen[6] wegen des Waidhandels zwischen den thüringischen Städten Naumburg, Erfurt, Arnstadt, Weissenfels, Laucha, Mühlhausen, Jena einerseits und den Städten Görlitz, Zittau, Schweidnitz, Liegnitz, Breslau, Pirna, Oschatz andererseits statt. In einer Zollordnung Braunschweigs vom Jahre 1303—1330 heißt es: „Vor dat voder wedes fer pennige[7].“ Auch in Schlesien muß sehr frühe Waid gebaut worden sein, denn in der Schweidnitzer Tuchwebeordnung von 1335[8] heißt es: „Das keyner nicht sal czyn uf dy dorffir vnde weyt kouffen.“ Doch ist um diese Zeit schon viel Waid nach Schlesien von außerhalb gebracht worden, wie gleichfalls aus dieser Urkunde zu ersehen ist. Besonders blühend müssen auch die Waidkulturen schon im 13. Jahrhundert um Köln ge-

---

[1] Hans. Urk.-Buch I, 435.
[2] Zschiesche, Der Erfurter Waidbau und Waidhandel S. 40.
[3] Schreber, a. a. O. S. 71. — Zschiesche, a. a. O. S. 40.
[4] Schreber, a. a. O. S. 37.
[5] Naumburger Annalen S. 11, bearb. von Dr. Köster.
[6] Ebenda S. 13 u. 33.
[7] Braunschw. Urk.-Buch S. 262.
[8] Codex Diplomaticus Silesiae S. 17, § 15. — Bergius, a. a. O. II. Bd., S. 308.

wesen sein, wie aus der Steuergeschichte dieser Stadt hervorgeht[1].

Auf Grund des von uns hier angeführten Materials können wir annehmen, daß zu Ende des 13. Jahrhunderts in Thüringen, der Mark Brandenburg, der Mark Meissen, in dem Erzbistum Magdeburg, in den Herzogtümern Sachsen und Braunschweig, sowie in Schlesien, und um Köln bedeutender Waidbau getrieben wurde. Und da auch am Niederrhein[2], um Nürnberg[3] und in Österreich[4] Waid kultiviert wurde, so können wir wohl annehen, daß die Waidkulturen sich im Mittelalter über ganz Deutschland erstreckten; Thüringen war der Hauptsitz.

Der Waid gehört zur Familie der Kruziferen und wuchs ursprünglich wild in Deutschland[5]. Er ist, wie die Zuckerrübe, eine zweijährige Pflanze und bringt im ersten Jahre viele blaugrüne, acht bis zwölf Zoll lange Blätter hervor, die sich auf der Erde ausbreiten. Im zweiten Jahre erscheint dann ein meterhoher, fingerdicker Stengel mit der Blüte. Der Farbstoff, um desswillen der Waid gebaut wurde, ist in den Blättern enthalten, daher zerfiel die Kultur des Waides in die Gewinnung von Blättern und Züchtung von Samen. Da ja wenig Samen zum Anbau genügte, so war fast der ganze Anbau der Kultur der Blätter gewidmet. Die Saat erfolgte entweder im Dezember oder März, daher unterschied man Winter- und Frühlingswaid. Zum Anbau gehörte ein tiefgrundiger, guter, warmer Boden, der gut gepflegt und gedüngt werden mußte. Die einzelnen Pflanzen mussten, um gut zu gedeihen, wenigstens $^1/_2$ Fuß auseinander stehen. Waren sie zu eng gesät, so wurden sie, genau wie heute die Zuckerrüben, verzogen. War der Waid aufgegangen, so sollte nach den Waidordnungen[6] der Acker fort-

---

[1] Albert Henning, Steuergeschichte von Köln in den ersten Jahrh. städtischer Selbständigkeit, Diss. Leipzig 1891, S. 72 u. 73. — Quellen zur Geschichte der Stadt Köln Bd. I, 104. 1256 finden wir hier in Köln schon Waidmenger erwähnt.

[2] Dr. Moritz Ritter, Zur Geschichte deutscher Finanzverwaltung im 16. Jahrhundert, Zeitschrift d. Berg. Gesch. Bd. 20. — Hildebrand, VI. Bd., S. 212. — Falke, Geschichte d. deutsch. Handels II, S. 357 u. f. — Schreber, a. a. O. S. 18. — Coler, Ökonomia V, Kap. 83, S. 187.

[3] Roth, a. a. O. S. 270.

[4] Nübling, a. a. O. S. 444.

[5] Über die Kultur des Waides berichtet ausführlich: Schreber, Historische, physische und ökonomische Beschreibung des Waides S. 16—80. — Dr. med. P. Zschiesche, Der Erfurter Waidbau und Waidhandel.

[6] Schrebers Waidbuch, Beilagen. — Zschiesche, Beilagen.

gesetzt bis zu Beginn der Ernte, die drei bis viermal jährlich stattfand, fleißig vom Unkraut gereinigt werden. Diese Bestimmung war für den ganzen landwirtschaftlichen Betrieb sehr segensreich, denn die Ländereien wurden hierdurch in das prächtigste Ackerland verwandelt, und auch alle anderen Früchte, welche auf solchen Feldern gebaut wurden, gediehen vortrefflich. Leider verstieß der biedere Bauer, hauptsächlich zu Ende des Mittelalters, gegen diese Waidordnungen und ließ all die Disteln, Kletten und sonstiges Unkraut stehen, angeblich, weil dann der Waid besser färbe, in Wirklichkeit aber, weil er die Mühe scheute, das Unkraut zu entfernen, und andererseits durch Vermischung desselben mit den Waidblättern seine Einnahmen zu erhöhen glaubte. Diese unlautere Handlungsweise hat sich bitter gerächt, denn sie trug in späterer Zeit sehr viel zum Niedergange des Waidbaues bei. Die Erfurter Waidordnung setzte in richtiger Erkenntnis dieses Übels eine Strafe für Übertretung der Verordnungen fest[1].

Die Waidernte begann, wenn die Blätter etwa eine Spanne lang, die äußersten gelb zu werden begannen, die Staude sich auf der Erde ausbreitete und anfing einen eigentümlichen Geruch von sich zu geben. Bei dem Winterwaid war dies im Mai, bei dem Frühlingswaid im Juni der Fall. Mit besonderen scharfen Eisen, den sogenannten Stoßeisen, wurden bei gutem Wetter alle Blätter der Pflanze von der Wurzel abgestoßen. Es gab Stauden, die zweihundert Blätter hatten. Das Abstoßen mußte sehr vorsichtig und geschickt geschehen, damit die Wurzel nicht verletzt wurde und noch mehrere Ernten geben konnte. Nach dem Abstoßen wurde der Acker mit der Egge bestrichen, dann von Unkraut gereinigt, die Erde um die Wurzeln herum vorsichtig aufgelockert und dann noch einmal geeggt, so daß das Land glatt wie ein Gartenbeet aussah. Die Wurzeln schlugen nun bald wieder aus, so daß man nach 5—7 Wochen zu einer zweiten Ernte schreiten konnte. Die abgestossenen Blätter wurden nun auf Haufen zusammen getragen, auf Wagen zum Wasser gefahren, dort gewaschen und auf Rasenflächen getrocknet. Zehn Personen hatten mit der Ernte eines Ackers einen Tag lang reichlich zu tun. Die

[1] Die älteste Verordnung über die Kultur des Waides, die sich noch erhalten hat, stammt zwar erst aus dem Jahre 1704, einer Zeit, wo der Waidbau schon sehr tief in Verfall geraten war, doch ist wohl mit Sicherheit anzunehmen, daß schon im Mittelalter viele derartige Verordnungen erlassen wurden. Sie sind wie so viele andere Schriftstücke jener Zeit verloren gegangen.

ganzen Arbeiten mußten möglichst bei gutem Wetter und schnell hintereinander verrichtet werden. Beregnete der Waid, so faulte er leicht und verlor seine Güte. Waren die Blätter nun auf den Rasenplätzen getrocknet, so wurden sie in den Waidmühlen zu Brei zerquetscht. Diese Mühlen wurden meist durch Pferde, öfter aber auch durch Wasser getrieben. Die so zerquetschten Waidblätter wurden nun in Haufen zusammengebracht und einen Tag und eine Nacht liegen gelassen. Darauf wurde der so bereitete Brei ähnlich den Schneebällen geknetet und auf frei stehenden Horden (Waidhorden) getrocknet. Das Kneten der Waidblätter scheint meist von jungen Mädchen in Akkordlohn geschehen zu sein. Zu ihnen, den so arbeitenden Mädchen, müssen sich dann sehr häufig junge Burschen eingefunden haben, und es scheint dabei sehr lustig hergegangen zu sein. Ein altes Sprichwort sagt[1]:

Waid ist der Pferde Leid,
Der Knechte Arbeit,
Der Mägde Schalkheit.

Dieses eben geschilderte Ernten der Waidblätter, sowie das Mahlen und Kneten geschah drei bis viermal des Jahres. Die letzte Ernte im Oktober wurde oft durch Frost geschädigt und war in diesem Falle von ganz schlechter Beschaffenheit. Es war verboten, solchen Waid zu verkaufen. Aber die Bauern kehrten sich leider nicht an das Verbot, sondern mischten ihn mit gutem Waid, sehr zum Schaden des letzteren. Auch ließ man die Wurzeln oft über Winter im Acker, um dann im Frühjahr eine neue Ernte zu haben. Dieser Waid wurde als sogenannter Kompswaid[2] bezeichnet und war von ganz geringer Qualität; auch ihn mischten die Bauern unter den guten Waid. Schon der Erfurter Zuchtbrief von 1351[3] warnt vor Verfälschung und Vermengung von zweierlei Waid, es heißt daselbst: „das gut geilden nach der aergerunge und nicht nach der besserunge." Es wurde bei Entdeckung solchen Betruges die ganze Ware nicht nach der besseren, sondern nach der schlechteren Sorte geschätzt.

Nachdem die gekneteten Waidblätter auf den Waidhorden getrocknet waren, wurden sie möglichst bald, entsprechend den Waidordnungen der verschiedenen Städte, auf die Waidmärkte gebracht. So wie der Waid jetzt war, taugte er noch nicht zum

[1] Crolach, „De Isatïde", Schreber, S. 80.
[2] Schreber, a. a. O. S. 52, 57, 76 und 77.
[3] Zschiesche, a. a. O. Beilagen S. 53.

Färben, sondern mußte hierzu erst zubereitet werden. Diese Zubereitung[1] war den Bauern aber verboten. Sie war ein Vorrecht der Waidhändler der Städte.

Im Mittelalter, wo ja in Handel und Gewerbe alles bis ins Kleinste geregelt war, war natürlich auch der Anbau, der Kauf und Verkauf des Waides, sowie seine Zubereitung durch eine große Anzahl Bestimmungen genau festgesetzt. Das Recht, den von den Bauern nach den Städten gebrachten Waid zu kaufen, stand ursprünglich auch den Fremden zu, wie aus dem Erfurter Zuchtbrief von 1351 ersichtlich ist. Erst später wurde dieses Recht auf die Bürger beschränkt, wie aus einer Verordnung von 1480[2] hervorgeht. In Tennstedt wurde 1555[3] eine Verordnung erlassen, daß kein Auswärtiger Ballen Waid kaufen durfte. Auch war der Waidhandel auf den Dörfern verboten. Daher beschwerte sich 1556[3] Tennstedt beim Kurfürsten von Sachsen, daß auf den Dörfern Waidhandel getrieben werde, worauf dieser auch dem Adel den Waidhandel auf den Dörfern verbot.

Das Recht, in den Städten Waidhandel zu treiben, stand nur den vom Rate privilegierten Personen zu. Wer dieses Privilegium erlangen wollte, mußte z. B. in Erfurt jährlich 1000 Gulden „verschossen“[4], d. h. er mußte ein Vermögen von 1000 Gulden besitzen und versteuern. Auch mußte er „des Rates Laube und Zeddeln“, die nur der Rat und niemand anders zu vergeben hatte, nachweisen. Durch den Nachweis eines gewissen Vermögens wollte man wohl ungesunden Verhältnissen im Waidhandel vorbeugen; denn zum Waidhandel gehörte ein nicht unbedeutendes Kapital. Deshalb finden wir auch schon ganz frühzeitig Kompaniegeschäfte. Mit auswärtigen Leuten, die nicht in der Stadt Bürger, noch häuslich angesessen waren,

---

[1] Schreber, a. a. O. S. 83, 87 u. f.

Den Bauern war nur die Zubereitung des sogen. Mauser-Waides gestattet. Manche, die nur wenig bauten, oder die erste Ernte aus irgend einem Grunde nicht verkauft hatten, sammelten alle 3 Gestosse, brachen die Bälle wieder auf und bereiteten nun aus dem Gemenge zusammen mit den frischen Blättern wiederum Bälle. Dies war der Mauser-Waid. Da in diesem Ernten von verschiedener Güte enthalten waren, so war dieser Waid minderwertig. Nach der Verordnung Johann Casimirs Herzogs von Sachsen aus dem Jahre 1592 mußten von diesem „2 Viertel für eines“ verkauft werden. Die Erfurtische Waidordnung vom Jahre 1614 verbot den Mauser-Waid. (Vergl. Zschiesche, a. a. O. S. 28).

[2] Zschiesche, a. a. O. S. 54.

[3] Zschiesche, a. a. O. S. 33.

[4] Zschiesche Beilagen S. 53 u. 54. Die Verordnungen sind den Erfurter und Kölner Waidmärkten entnommen.

noch ihr Geschoss hier abgaben, durfte aber niemand eine Gesellschaft bilden, auch kein Geld von diesen Leuten zum Waidhandel aufnehmen. Mehr wie zwei Gesellschafter durften auch nicht zu Markte gehen, um Waid zu kaufen. Wer von diesen beiden dann an die Waidballen herantrat, der sollte sie entweder „redlichen“ oder davongehen. Eine eigentümliche Bestimmung findet sich in dem Zuchtbriefe von 1351: „uch eyn ixliche kumpane sal an weitkoufe gliche wynnunge mit eyn andir nemen noch der manczal vnd nicht noch der margezal, und das sal sin an argelist wer daz brichet, der sal eyne marg gebin vnd sal eyn iar rumen die stad ab er sin recht dar vor nicht thun tar.“ Das heißt also, wenn einer 5000 Gulden in das Geschäft steckte und sein Gesellschafter nur 2000, so bekam er von dem Gewinne nicht mehr als die Hälfte, nicht mehr als der andere. Nicht nach den eingezahlten Kapitalien, sondern nach der Anzahl der Gesellschafter sollte der Gewinn verteilt werden. Wer dies nicht einhielt, mußte ein Jahr die Stadt verlassen, eine für die damalige Zeit sehr harte Strafe. Auch in der Waidordnung von 1575[1] ist diese Bestimmung noch vorhanden, nur ist hier die Strafe ermäßigt, man brauchte nicht mehr die Stadt zu verlassen, dafür sollte aber der ganze Gewinn an den Rat fallen. Durch diese Bestimmungen, sowie durch das Verbot, sich gleichzeitig an mehreren Gesellschaften zu beteiligen oder mehr als 150 Faß Waid in einem Sommer zu kaufen, wollte man wohl verhüten, daß der Waidhandel sich in wenigen Händen vereinte. Es sollte vielmehr der Vorteil des Waidhandels, wie es in der Verordnung ausdrücklich heißt, vielen zugute kommen. Diese Bestimmung wurde jedoch wenig beachtet, denn die Bilanz eines Erfurter Waidhändlers aus dem Jahre 1617[2], wo über 4000 Waidkübel aufgeführt werden, zeigt dies zur Genüge.

Zum Kauf und Verkauf des Waides bediente man sich häufig der Unterkäufer[3]. Wer Unterkäufer werden wollte, mußte hierzu die Erlaubnis des Rates haben und schwören, sein Amt nach den Verordnungen des Rates sowohl zum Besten des Bürgermeisters und Rates, als auch des Händlers und Landmannes zu versehen. Er sollte also eine ganz unparteiische Persönlichkeit sein und durfte keine Gemeinschaft mit den Waidhändlern haben zum Nachteile der Bauern. Wurde er hierbei ertappt, so mußte er sein Amt

[1] Zschiesche, Beilagen S. 55.

[2] Zschiesche, Beilagen S. 69.

[3] Quellen zur Gesch. d. St. K. Bd. 1, S. 104 u. f. — Roth, a. a. O. IV. S. 233 u. f.

niederlegen, wurde auf 1 Jahr aus der Stadt verwiesen und durfte nie wieder auf dem Waidmarkte erscheinen. Für seine Tätigkeit als Unterkäufer erhielt er im 14. Jahrhundert in Köln von jedem Maße unbereiteten Waides 12 d. und von jedem Maße bereiteten Waides 2 s.[1]. Mehr zu verlangen war streng verboten. Im Laufe der Jahre wird diese festgesetzte Abgabe aber wohl sehr gestiegen sein.

Streng war es auch verboten, daß ein Käufer dem anderen am Waidkauf hinderte, denn „so wilch man den andern hindert, as lange as der Coufmann bynnen der karre steit, de gilt van geckligen Mudde de boysse vurs, dat ist zo verstain VI shillinge". Auch durfte kein Waidhändler durch Fremde für sich Waid kaufen lassen, bei Strafe von 50 Mk. Derjenige, der eine Übertretung anzeigte, erhielt den 3. Teil der Strafe als Belohnung.[1]

Ebenso wie es den Bauern nicht erlaubt war[2], auf den Dörfern ihren Waid zu verhandeln, war es den Waidhändlern verboten, „anderswo als in ihrer Stadt" Waid zu kaufen, denn sonst konnte ja der Rat den Waidhandel nicht beaufsichtigen. In ganz früher Zeit war in Erfurt der Verkauf des Waides nicht an einen bestimmten Ort der Stadt gebunden, vielmehr in der ganzen Stadt erlaubt. Aber schon 1351 wurde verordnet: „Iz en sal ouch nymand andirswo koufen weit dan off dem marcte." Auch in andern Städten durfte der Waidhandel nur auf dem Markte unter Vermittelung der Makler geschehen[2]. Der gesamte Handel mit Waid unterstand der Kontrolle eines Waidmarktmeisters. Der Verkauf fand nach einem Hohlmaß, Schotenmaß[3] genannt, statt, von dem es schon in dem Entwurf zur Willkür, also vor 1351 heißt: „das weit masz sal man striche," d. h. das Schotenmaß wurde gleich ausgeebnet. Für jedes Maß Waid mußte dem Rate vom Käufer und Verkäufer eine bestimmte Abgabe entrichtet werden[4]. Aber nicht immer ging der Kauf glatt ab. Der Käufer glaubte öfter zu erkennen, daß geringere Ballen Waid sich mit in der Ladung befänden, und konnte mit dem

---

[1] Quellen zur Geschichte der Stadt Köln I. Bd., S. 104 u. f. — Nach der Waidverordnung von 1592 war es einigen Ortschaften des Herzogtums Gotha freigestellt, wo sie ihren Waid verkaufen wollten. Schreber Beilagen. — Auch in Köln war es verboten, Waid an anderen Orten, als auf dem Waidmarkte zu verkaufen. Quellen zur Geschichte der Stadt Köln I. Bd., S. 107.

[2] Albert Henning, Steuergeschichte von Köln S. 72 u. 73. — Quellen zur Geschichte der Stadt Köln Bd. 1, S. 104 u. f.

[3] Zschiesche, a. a. O. S. 36. — Auch in Köln wurde der Waid in bestimmten Gefäßen, den „weyt-medden" gemessen. Quellen zur Geschichte der Stadt Köln Bd. 1, S. 104 u. f.

[4] Zschiesche, a. a. O. S. 36. — Quellen der Stadt Köln Bd. I, S. 104. — Henning, a. a. O. S. 72 u. 73.

Bauer nicht einig werden. Da mußte dann der Marktknecht von jeder Sorte drei Ballen nehmen und auf das Rathaus bringen. Hier prüfte und entschied der ehrenfeste Rat. Hatte der Bauer betrogen, so „reden unsre Herren mit ihm, wie es der Stadt fuget“. War aber der Kauf glücklich abgeschlossen, so ging es nach alter Sitte in ein Wein- oder Bierhaus. Hier werden sich wohl die Bauern bemüht haben, sich mit den Waidknechten zu befreunden, denn in der Waidordnung von 1614 wird verboten: „dass die Bauern den Weyt-Knechten wegen messens, dem Kauffer zu nachteil, nichts verehren, noch sie in die Gahr-Küchen, Bier- oder Weinhäuser oder anderswohin zur Zeche führen, vielweniger sie sonsten bestechen, oder Anrede mit ihnen halten, auff waserey Weise und Wege solches geschehen möge.“

Für das Schock Waidbälle erhielten die Bauern zur Blütezeit der Waidkulturen, also im 14. und 15. Jahrhundert 5—6 Groschen. Doch kamen auch Jahre vor, wo man ihnen gern 12 Groschen zahlte[1]. Zur Zeit des Verfalls der Waidkulturen sank infolge der Konkurrenz des Indigos und anderer Umstände der Preis auf 2 bis 3 Groschen herab[1].

Diese Waidbälle wurden nun von den Waidhändlern in den Städten weiter verarbeitet, denn so wie der Waid jetzt war, taugte er noch wenig. Genau wie beim Purpur und Indigo, so war auch beim Waid der färbende Stoff nicht gleich in der Pflanze fertig gebildet, sondern entwickelte sich erst durch gewisse chemische Einflüsse, den Gärungs- und Fäulnisprozessen. Die Zubereitungsmethode war im Mittelalter ungefähr wie folgt[2]:

Die Waidbälle wurden meist im Herbst oder Winter, wenn man 20 Maß oder Kübel, ca. 600 Schock, zusammen hatte, in etwas Wasser erweicht, dann mit besonderen Waidhämmern zerschlagen, darauf auf besonderen Waidböden in Haufen geschüttet und stark mit Wasser angefeuchtet. Durch das Anfeuchten des Waides kam derselbe bald in Gärung, erhitzte sich stark und fing an zu dampfen. Die Hitze wurde so stark, daß die Waidknechte Eier darin kochen konnten. Nach einiger Zeit wurde dann der Haufen mit Haken auseinander gerissen, umgewendet und mit besonderen Hölzern klein gerieben. Diese Operation wurde mehrere Male in Zwischenräumen von einigen Tagen wiederholt, und dann ließ man den Haufen 5 Wochen ruhen, worauf die ganze Behandlung nochmals wiederholt wurde. Im Winter mußte sorgfältig aufgepaßt werden,

[1] Schreber, a. a. O. S. 70 u. 136.
[2] Ebenda S. 88 u. f.

daß der Haufe später nicht erkaltete, sonst war der Waid verdorben. Zur Anfeuchtung des Waides wurde sehr häufig auch Urin verwendet und zwar hauptsächlich solcher von starken Weintrinkern. Daß der üble Geruch, der mit dem Gärungsprozesse schon verbunden war, durch den Urin noch bedeutend vermehrt wurde, ist wohl klar, aber, sagt ein damaliger Zeitgenosse: „das Geld vom Waid gibt keinen üblen Geruch von sich.“ War der Gärungsprozeß vollendet, so wurde der Waid getrocknet und gesiebt. Er sah dann wie Taubenmist aus, und je mehr er ins Schwarze fiel, desto mehr wurde er geschätzt. Im Mai oder Juni des nächsten Jahres war in der Regel der Waid zum Färben fertig und wurde nun in tannene Fässer, sogenannte Waidfässer, verpackt. Die Fässer enthielten ca. 8—12 Scheffel[1] und wurden mit dem Wappen der Stadt und einem Privatzeichen des betreffenden Kaufmanns versehen. Das Einpacken des Waides in die Fässer sollte nur in Gegenwart der vereideten Waidbeschauer, die ihn auf seine Güte zu prüfen hatten, geschehen. Guter Waid sollte eigentlich 2 Jahre lagern, erst dann war er zum Färben recht tauglich. Die Waidhändler ließen ihn aber, um ihn möglichst schnell in Geld umzusetzen, nie so lange lagern, was sich dann später, als der Indigo als Konkurrent auftrat, bitter rächte. Die Zubereitung des Waides erforderte eine große Übung und Aufmerksamkeit, und die Arbeit war eine schwere und nicht gerade angenehme. Darum wurden auch, wie Coler schreibt[2], „die Waidknechte zur selben Zeit von wegen solcher harten Arbeit gar wohl unterhalten mit Speise und Trank, an Bier und Wein; es wird ihnen auch eine gute Besoldung gegeben, daß sie die Arbeit ertragen und ausstehen können“. Die Waidzubereitung leitete und überwachte ein Waidmeister.

In Langensalza bestand eine Waidgilde[3], deren Innungsartikel geheim gehalten wurden, damit über die Bereitung des Waides niemand etwas erfahren sollte. Die dortigen Waidknechte mußten schwören, über die Waidbereitung nichts bekannt zu machen. Überhaupt hatte jeder Waidhändler seine besonderen Kniffe, und bemühte sich, diese möglichst zu verheimlichen. Die Langensalzaer Waidgilde muß auf einer sehr gesunden Basis gestanden haben, denn sie lieferte zur Zeit des Verfalles den besten Waid.

---

[1] Schreber, a. a. O. S. 96.
[2] Coler, V., Kap. 87, S. 188.
[3] Schreber, a. a. O. S. 86 u. 87.

Nicht alle Gegenden Deutschlands waren in der glücklichen Lage, den Waid selber zu bauen, da, wie wir ausführten, die Waidpflanze einen besonders geeigneten Boden verlangt. Der Waid war daher ein wichtiger Handelsartikel im Mittelalter, und bei seiner großen Kostbarkeit ist es leicht verständlich, daß bei der damals so umfassenden gewerblichen Gesetzgebung dieser Farbstoff besonders berücksichtigt war.

Der Handel mit Waid bewegte sich ganz in den mittelalterlichen Gesetzen und Gewohnheiten, die uns von der Wichtigkeit dieses Farbstoffes besondere Beweise geben. In fast allen Städten, in denen die Färberei blühte, treffen wir sogenannte „Waidhäuser“, wo der von außerhalb bezogene Waid gelagert und von den Waidbeschauern auf seine Güte geprüft wurde. So hatte schon früh Köln[1], Frankfurt a. M.[1], Nürnberg[2], verschiedene Lausitzer Städte, wie Görlitz[3], Zittau[3], auch Schweidnitz[4] in Schlesien, eigene Waidhäuser. Es war in frühester Zeit verboten, anders als in diesen öffentlichen Häusern Waid zu lagern. In späterer Zeit wurde diese Verordnung in manchen Städten durchbrochen, und es war den Waidkäufern gestattet, auch Waid in ihren Häusern zu lagern. Niemand durfte aber Waid kaufen, der nicht vorher von den Waidbeschauern untersucht worden war. So heißt es in Schweidnitz schon 1335[5]: „Das czwelfte, das keynir sal nicht kouffen vnvorsuchten weyt, der do ist brocht vs andern landen; wer das bricht, der sal gebin dry virdunge“. Auch in Nürnberg war jeder Bürger verpflichtet, den Waid beschauen zu lassen. Versäumte er dies, so mußte er einen Gulden Strafe zahlen[6]. Aus dem Waidhause bezogen die Städte erhebliche Einnahmen. So mußte in Nürnberg für jeden Wagen Waid 1 Gulden und für jede Karre Waid $^1/_2$ Gulden an die Stadtkasse abgeliefert werden. Jeder Nichtbürger war verpflichtet, den Waid, den er nach Nürnberg brachte, nach dem Waidhause zu schaffen, dort beschauen zu lassen und ihn so lange zu lagern, bis er einen Käufer fand. Nachdem er seine Gebühren bezahlt hatte, durfte er den Waid ein ganzes Jahr

---

[1] Schmoller, a. a. O. S. 444. — Quellen zur Geschichte der Stadt Köln Bd. I, S. 104 u. f.

[2] Sander, a. a. O. S. 242.

[3] Knothe, a. a. O. S. 258.

[4] Cod. Dipl. Silesiae VIII, S. 16 u. 44.

[5] Ebenda S. 16.

[6] Joh. Chr. Siebenkees, Materialien zur Nürnbergischen Geschichte, III, S. 694.

lagern, ohne weiterer Besteuerung ausgesetzt zu sein. In späterer Zeit war der auf dem Waidhause gelagerte Waid selbst vor gerichtlicher Beschlagnahme geschützt[1]. Dem Bürger stand das Recht zu, den Waid, den er gekauft hatte, drei Wochen in seinem Hause steuerfrei liegen zu lassen. Nach dieser Zeit mußte er aber, selbst für das Lagern in seinem eigenen Hause, 1 Gulden Steuern zahlen. Dieselbe Bestimmung galt auch, wenn der Gast von einem Bürger Waid gekauft hatte[2]. Nach einer späteren Waidverordnung von 1583[3] mußte der Waid, der länger als ein Jahr auf dem Waidhause lagerte, von neuem verzinst werden, auch war jetzt jeder Bürger verpflichtet, den Waid auf dem Waidhause zu lagern. Nur die Englischtuchfärber konnten auch von außerhalb Waid beziehen, und ihn ungeprüft kaufen. Die Einnahmen, die Nürnberg aus dem Waidhause erwuchsen, haben sich für einige Jahre des 14. und 15. Jahrhunderts noch erhalten. Sie ergaben in den Jahren 1377 bis 1396 folgende Summen, in Pfunden gerechnet[4]:

1377	96 Pfund, Wert des Pfundes Heller, G.[5]	1,—
1378	98	0,95
1380	151	0,91
1381	79	0,91
1382	121	0,87
1383	108	0.87
1384	34	0,87
1385	—	—
1386	88	0,80
1387	184	0,80
1388b .	32	—
1388c .	31	0,74
1389a .	—	—
1389b	106	0,67
1390	163	0,61
1391	159	0,61
1392a .	77	0,61
1392b .	193	0,57
1393	196	0,52
1394	—	—
1395	265	0,33
1396	354	0,33

---

[1] Joh. Chr. Siebenkees, Materialien zur Nürnbergischen Geschichte III, S. 694.

[2] Ebenda.

[3] Roth, Geschichte des Nürnbergischen Handels, 1800, IV. Bd., S. 233 u. f.

[4] Sander II, S. 763, Tafel 10.

[5] G. = Guldenwährung.

In den Jahren 1431—1440 wurden in Nürnberg folgende Anzahl Wagenladungen Waid eingeführt, woraus der Stadt nachstehend verzeichnete Einnahmen erwuchsen[1]:

1431	Wagenladungen	238	Einnahmen	261,90	Pfund[2]
1432	„	231	„	251,65	„
1433	„	196	„	211,90	„
1434	„	270	„	295,50	„
1435	„	196	„	211,20	„
1436	„	222	„	241,60	„
1437	„	207	„	225,70	„
1438	„	162	„	174,15	„
1439	„	169	„	181,35	„
1440	„	217	„	235,35	„

Die Abgaben betrugen während dieser Periode pro Wagenladung: 1 Gulden 3 Pfennige, für jeden Karren die Hälfte, und konnten bis zum Verkauf des eingeführten Waides gestundet werden. Die mit der Einnahme dieser Waidabgabe betrauten Beamten erhielten für ihre Mühewaltung 8 Gulden Landwährung pro Jahr. Die Waidmesser und Waidbeschauer empfingen von einem 8 Scheffelfasse 8 Kreuzer, von einem 12 Scheffelfasse 12 Kreuzer Besoldung. Die Einnahmen müssen sich im Laufe der Jahrhunderte gesteigert haben, denn 1550 betrugen die Einnahmen aus dem Waidhause 330 Pfund[3].

Diese Besteuerungen und Einnahmen aus Waid, wie sie hier von Nürnberg geschildert worden sind, werden wohl in den andern Städten Deutschlands ähnlich gewesen sein. Selbst im Auslande gab es solche Waidhäuser. So hatte z. B. Florenz bereits im 14. Jahrhundert ein besonderes großartiges Waidhaus[4], „fondacus guadi“ genannt. Es gehörte der dortigen Tuchmacherzunft, und daselbst wurde auch Färberröte und Pottasche gelagert. Für das Lagern mußte auch hier eine bestimmte Abgabe entrichtet werden, dafür war die dort lagernde Ware vor Pfändung gesichert. Das Lagern von Farbstoffen außerhalb des Waidhauses war auch dort streng verboten.

Eine ganz besondere Eigentümlichkeit im Waidhandel waren die Waidstapelplätze, wie wir sie schon frühzeitig in Schweidnitz[5] und Görlitz[6] antreffen. Der Waid durfte nur in den Städten, welche Stapelgerechtigkeit für Waid hatten, gelagert werden. Alle

[1] Sander, a. a. O. S. 242—244 u. 309, 310.
[2] Pfunde neuer Heller.
[3] Sander, a. a. O. S. 791.
[4] Doren, a. a. O. S. 364 u. f.
[5] Codex Diplomaticus Silesiae S. 16 u. 44.
[6] Knothe, a. a. O. S. 258.

umliegenden Städte waren gezwungen, in dieser Waidstapelstadt diesen wichtigen Farbstoff zu kaufen. Die Vorteile, welche eine Stadt von solchem Waidstapel hatte, waren sehr mannigfaltig, denn mit dem Waidstapel war stets die Prüfung und Schätzung des Waides, eine sehr zeitraubende und kostspielige Prozedur, verbunden. Ein Bericht über die Waidniederlage zu Großenhain von 1492 gibt darüber sehr interessante Angaben[1]: Sobald der Waidgast die betreffende Stadt erreichte, mußte er mit seinen Wagen sogleich vor das Niederlagshaus fahren, wo all sein Waid von verpflichteten Abladern auf luftige Böden abgetragen, daselbst von verpflichteten „Werfern und Setzern" gemengt, geworfen und in einen Haufen geschlagen wurde. Dann meldete er sich bei den ebenfalls verpflichteten „Schätzern", welche sämtlich dem Tuchmacherhandwerk angehören mußten, zur Prüfung und Schätzung seiner Ware an. Diese Schätzer setzten ihm dafür einen Tag fest. An diesem begaben sich die Schätzer, Werfer und Setzer, nebst dem Waidhändler zunächst auf den Waidboden, wo sie von dem Haufen Waid ein Maß (Sack) voll abermals warfen und durch einen Abträger nach dem Farbehaus schaffen ließen. Ein Tuchmacher, „Werkgeber" mußte zu diesem Zwecke seine Färberstube hergeben. Ein ebenfalls verpflichteter Färber begann die eigentliche Waidprobe. Zu diesem Zwecke schüttete er den Waid in ein Farbefaß, ließ ihn durch seine Knechte wiederholt mit Wasser begießen, und färbte drei Quantitäten rohe Wolle zu je 20 Pfund und drei Stück Tuch im Gewichte von 40, 35 und 30 Pfund. Es mußten stets die gröbste Wolle und die gröbsten Tücher, welche der Werkmeister besaß, hierzu verwendet werden. Die gefärbten Tücher wurden dann gewaschen, wieder getrocknet, auf der Wage nach dem Gewicht geprüft, und nun wurde von den Schätzern, allein in geschlossenem Gemach, der Preis des so geprüften Waids festgesetzt. Dieser Preis richtete sich danach, ob auch die dritte Quantität Wolle und das dritte gefärbte Tuch genau noch dieselbe Tiefe der Farbe zeigten, wie das erste. Waren die gefärbten Stoffe heller, so war der Waid minderwertig, waren sie aber dunkler, so war der Waid allerbeste Qualität. So schwankte denn der von den Schätzern festgestellte Preis von 9—16 Schilling böhmischer Groschen. ($2^1/_2$ Schilling — 1 fl. ungarisch oder 1 Mark Groschen im Jahre 1491.)[2] Alle die Tage, welche diese Waidprüfung währte,

---

[1] Knothe, a. a. O. S. 258.

[2] Ebenda S. 259. — Diese Prüfung und Schätzung fand auch in anderen Städten statt. Vergl. Roth, a. a. O., IV, S. 233 u. f.

hatte der Waidgast die Schätzer, den Färber, den Werkgeber, nebst den verschiedenen Gehilfen und Knechten, mit Speise und Trank zu versorgen. Den Schluß machte eine reichliche Kollation, ebenfalls auf Kosten des Waidgastes. Am Ende der Prüfung teilten dann die Schätzer dem Händler mit, welchen Preis sie für seine Ware festgesetzt hatten. War der Waidhändler mit diesem Preis zufrieden, so hatte er mindestens 4 Wochen lang seinen Waid zum Verkauf auszustellen. Fand er aber den Preis zu niedrig, so konnte er noch ein zweites Maß zur Prüfung einreichen, und die ganze Prozedur begann von neuem. Man begreift, daß eine derartige Waidniederlage den Händlern große Beschwerden auferlegte. Sie mußten erstens Lagergeld entrichten, sodann die Löhne für all die Beteiligten, die Ablader, Werfer, Setzer, Schätzer, den Färber und Werkgeber, ferner die mehrtägige Beköstigung und Kollation für dieselben bezahlen, verloren mindestens ein Maß ihrer Ware, und hatten außerdem mit ihrem Wagen und mehreren eigenen Knechten 5—6 Wochen in der Herberge zu liegen und aus ihrem Beutel zu zehren. Sodann mußten sie sich die Preise gefallen lassen, welche die Schätzer im Interesse ihrer Handwerksgenossen, der Tuchmacher, festsetzten. Endlich konnten sie ihre Kunden in den anderen Städten nur mit der schon ausgelesenen Ware versorgen, und vermochten bei dem langen Zeitverlust nur wenig Orte zu besuchen.

Für die Stadt erwuchs aber aus dem Waidstapel ein bedeutender Gewinn. Sie bezog eine Menge Abgaben zu Gunsten der Stadtkasse[1], ihre Tuchmacher erhielten bequemste Auswahl, billige Preise und das Vorkaufsrecht gegenüber anderen Städten[2] für das wichtigste Färbematerial. Eine Menge zum Handwerk gehörige Personen fanden dabei einträgliche Beschäftigung, und die gesamte Bürgerschaft hatte von dem langen Aufenthalt der Waidhändler und den zum Einkauf kommenden Tuchmachern anderer Städte allseitigen Gewinn. Derartig geschilderte Waidniederlagen bestanden schon in ganz früher Zeit, so in Schweidnitz[3] und Görlitz[4].

[1] Die Görlitzer Tuchmacher gaben für das Werfen und Heimführen des von ihnen gekauften Waides nur einen Schwertgroschen im ganzen. Die nicht einheimischen Meister mußten aber von jedem Maß einen Schwertgroschen auf das Rathaus geben. Knothe S. 259.

[2] Unde wann man wayt zu Gorlitz geschatzet hot unde in die Gorlitzer nicht kouffen wollen, so mögen die Zittauer oder ein jechlig mann den kouff machen. Knothe S. 259.

[3] Codex Diplomaticus Silesiae S. 16, 17 u. 44.

[4] Knothe S. 357. — Dr. Rich. Gelbe, Herzog Johann v. Görlitz, Lausitzer Mag. Bd. 59, S. 76. Codex Lus. 324.

Schon in der Schweidnitzer Verordnung von 1335 heißt es: „welch gast her kumt mit weyte, der sal nicht mit dem weyte bin sechs wochin von hynnen szyen; czut her von hynnen, e sechs wochen ende nemin, mit dem weyte, so sal her der stad gebin eyne margk“[1]. 1356 wurde dann dieser Stadt vom Herzog Boleslaw und seiner Gemahlin Agnes dieser Waidstapel bestätigt, wie es in dieser Urkunde extra heißt[2]: „als von aldirs y vnde y dy nedirloge des weytis vnde des koufs in der egenanten vnser stad Swydnicz gewest ist vnde nirgen andirs wo in keyner stat nach in keyner vesten nach merkten in vnserm lande, zo welle wir ernstlich vnde begnaden vnser stat Swydnicz vnde dy gewerken eweclich de mete, da dy selbe nedirloge vndemder kouf des weytis nyrgen in vnserm lande sin zal in keyner stat, vesten nach merkten in dem nuwen lande nach in dem alden, denne do selbist czur Swydnicz vnde zal do bliben eweclich vnuerrukt vnde vngehindert von allen vnsern nachkomelingen“.

Die Stadt Görlitz soll bereits im 13. Jahrhundert die Waidgerechtigkeit besessen haben[3]. In der Urkunde, nach welcher König Johann von Böhmen 1339 der Stadt Görlitz das wichtige Privileg der Waidniederlage erteilte, heißt es[4]: „Wie dies seit alten Zeiten zu Recht bestanden und Brauch gewesen sei.“ In dieser Verordnung von 1339 müssen aber den Görlitzern zu weitgehende Konzessionen gemacht worden sein, denn die Zittauer Tuchmacher und die Thüringer Waidhändler erhoben dagegen erfolgreich Einspruch. Es wurde deshalb noch in demselben Jahre der Stadt Zittau „aus besonderer Gunst“ gestattet, sich Waid für ihre Notdurft direkt zuführen zu lassen, aber nicht mehr. Brachte ein Bürger oder Fremder mehr Waid nach Zittau, als nötig war, so war dieser Waid der königlichen Kammer verfallen. Auch die Thüringer Händler, hauptsächlich Naumburger, erreichten durch diesen Einspruch, daß ihre Fuhrleute nach der Schätzung des Waides nicht länger als 4 Wochen aufgehalten wurden. Diese Entscheidung entsprach nur den Gesetzen der Billigkeit. Allein Görlitz ließ sich bei jedem Wechsel seiner Landesherren auch sein Waidprevilegium in der ursprünglichen Form aufs Neue bestätigen, und so mußte Zittau seine Ausnahmeprivilegien jedesmal aufs neue

[1] Codex Diplomaticus Silesiae 8. Bd., S. 17 § 13.
[2] Ebenda S. 44.
[3] Moehsen, a. a. O. S. 168. — Knothe, a. a. O. S. 257. — Gelbe, a. a. O. S. 76.
[4] Cod. Lus. 324.

erkämpfen. So bestätigte 1356 Karl IV. den Görlitzern wieder im vollen Umfange das Privileg von 1339, nach welchem auch die Zittauer ihre Waideinkäufe in Görlitz besorgen mußten[1]. 1378[2] hob er jedoch diese Bestimmung wieder auf und erlaubte den Zittauern, „weyte czufuren czu ihrer notdorft ir gewant, das sie da maken, czu ferben, aber den weyt nicht von danen czu verkouffen, vnd wer do nicht verkouffen mag, der sol yn gen Gorlitz furen vnd domit tun das recht ist, vnd wenn weyt czu Gorlitz geschaczzet wird, vnd die von Gorlitz nicht kouffen wollen, so mugen die von der Sittaw oder eyn yglich man eynenen kouff maken vngehindert." 1380[3] hob sein Nachfolger, König Wenzel, den Waidstapel in Görlitz gänzlich auf, da er seinem Erblande Böhmen schädlich sei, vielmehr sollte jeder nach Böhmen, Polen oder andern Orten, ohne alle Hindernisse mit Waid fahren dürfen. Aber bereits im nächsten Jahre widerrief er die soeben erlassene Verordnung und bestätigte den Görlitzern das alte Waidprivileg, nach welchem auch die Zittauer, wie überhaupt alle böhmischen und Lausitzer Städte, ihren Waid in Görlitz einkaufen mußten. Die Görlitzer hatten ihm jedenfalls jetzt die schon 1380 verlangten Gelder bewilligt.

Überhaupt mußte Görlitz den Waidstapel teuer erkaufen; ganz abgesehen von den häufigen Anleihen, welche die Landesherren bei den Görlitzern machten und die diese zur Erhaltung ihres Waidstapels stets gewähren mußten verursachte die häufige Bewirtung und die vielen Geschenke, die man dem Landesherrn zu teil werden ließ, nicht unerhebliche Kosten. Aber trotz dieser großen Unkosten muß Görlitz noch viel Nutzen vom Waidstapel gehabt haben, denn der Görlitzer Bürgermeister Frauenburg[4] schärfte allen seinen Amtsnachfolgern ein, auf die Waideinfuhr eifrig acht zu geben, „da gantz vil und groß, arm und reich daran gelegen". Görlitz achtete eifersüchtig und mit rücksichtsloser Strenge[4] auf sein Waidprivileg und wurde durch dieses die erste Stadt in der Lausitz. Im Kampfe um den Waidstapel mit den Lausitzer Städten war Görlitz Siegerin geblieben, bis ihr um die Mitte des 15. Jahrhunderts von anderer Seite das Waidprivileg genommen wurde.

Zwischen den Thüringer Waidhändlern und den Görlitzern waren seit der Mitte des 15. Jahrhunderts mancherlei Differenzen

[1] Knothe, a. a. O. S. 257 u. f.
[2] Gelbe, a. a. O. S. 76. — Ebenda S. 150 Urkunde.
[3] Ebenda S. 152.
[4] Knothe, a. a. O. S. 262.

ausgebrochen. Die Schillinge und Groschen, nach denen man in Görlitz rechnete und daher auch den Waid taxierte, hatten in den Nachbarländern weit geringeren Wert, so daß die Waidhändler allein an der Kursdifferenz den 5.—6. Teil einbüßten. Die wiederholten Klagen der Thüringer Waidhändler bei dem Landgrafen Wilhelm von Thüringen benutzten dessen Neffen, die Herzöge Ernst und Albrecht von Sachsen, um in Großenhain[1], der letzten meißnischen Stadt an der großen Handelsstraße nach der Oberlausitz und Schlesien, eine ebensolche Waidniederlage zu errichten wie in Görlitz. So wurde denn von 1477 an der Thüringer Waid in Großenhain abgeladen, geprüft, geschätzt und wochenlang zum Verkauf ausgestellt. Nur der hier nicht verkaufte Rest konnte weiter nach Görlitz abgeführt werden. Hierdurch wurde der Görlitzer Stapel, wenn auch nicht aufgehoben, so doch vollständig lahmgelegt. Die anderen Lausitzer Städte fanden sich sehr bald in die Neuerung. Ihnen konnte es ja ziemlich gleichgiltig sein, ob sie in Görlitz oder in Großenhain kaufen mußten. Im Gegenteil, sie hatten sogar ihre Freude daran, daß Görlitz hierdurch Schaden erwuchs. Die Stadt Görlitz selbst setzte aber nun wiederum alle Hebel in Bewegung und scheute kein Geld, den Waidstapel wieder in der alten Form zu erlangen. Durch Vermittelung des Königs Matthias von Ungarn und des Bischofs von Breslau kam schon im nächsten Jahre mit den Herzögen von Sachsen ein Vertrag zu Stande, in welchem die Herzöge von Sachsen gegen eine jährliche Entschädigung von 500 Gulden rhein. ihren Waidstapel in Großenhain aufhoben[2]. Als jedoch 10 Jahre um waren, stellte Görlitz seine Zahlungen ein, es behauptete, es habe für den Verzicht der Herzöge auf den Waidstapel in Großenhain nur eine freiwillige „Verehrung" von 5000 fl. rhein., zahlbar in jährlichen Raten von 500 fl. zugesagt. Die Herzöge von Sachsen verlangten jedoch die 500 fl. jährlich auch fernerhin. Als sich die Görlitzer dessen weigerten, eröffneten sie 1490 aufs neue die Waidniederlage in Großenhain. Alle Proteste der Görlitzer hiergegen halfen nicht, die Herzöge von Sachsen erklärten vielmehr: „Der Waid wachse in ihren Ländern, und so hätten sie doch wohl das Recht, über dieses Produkt ihres Landes frei zu verfügen". 1514 versuchte Görlitz aufs neue, Verhandlungen mit Sachsen anzuknüpfen. Es machte das Anerbieten, Sachsen zu dem damaligen Kriege in

---

[1] Gelbe, a. a. O. S. 81 u. f. — Knothe, a. a. O. S. 262.
[2] Knothe, a. a. O. S. 263.

Friesland 2000 fl. rhein. zu leihen, wenn der Großenhainer Waidstapel abgeschafft würde. Allein der Obermarschall erklärte sich nur bereit, das „Prüfmaß"[1] mit Görlitz zu teilen und verlangte dafür von Görlitz 10000 fl. An dieser Summe scheiterten die Verhandlungen und der Großenhainer Waidstapel blieb bestehen. Der Umsatz des Waidstapels in Görlitz, der sich noch 1477 auf 9000 Maß jährlich belief, betrug 1530 nur noch 3000 Maß. So hatte dieser Görlitzer und Großenhainer Waidstapel vielfach ernstliche diplomatische Verhandlungen zwischen den Ländern Schlesien, Ungarn, Böhmen und Sachsen-Thüringen veranlaßt. Für die Oberlausitz trug die Waidniederlage in Großenhain dazu bei, die bereits dort traditionell gewordene Abneigung gegen die sächsischen Fürsten zu verstärken[2].

Wir haben hier den Waidstapel sehr ausführlich schildern müssen, weil er uns so recht veranschaulicht, welche Wichtigkeit der Waid im Mittelalter hatte, und welcher ungeheuren indirekten Besteuerung er unterworfen war. Daß die großen Kosten, welche durch den Waidstapel und durch die Streitigkeiten um denselben entstanden, auf den Waid fielen, ist doch sicher. Der Preis des Waids wurde dadurch so hoch, daß er in gar keinem Verhältnis zu dem wirklichen Farbwert stand. So lange der Waid eine Monopolstellung einnahm wie während des Mittelalters, konnte er ja schließlich noch eine so große Belastung ertragen. Beim Auftauchen eines Konkurrenzfarbstoffes wie des Indigos, mußten derartige Belastungen aber verhängnisvoll werden, denn sie waren nicht die einzigen; vielmehr war der Waid, ehe er den Weg von den Waidfeldern bis in die Niederlage der Färber zurücklegte, einer Menge Abgaben unterworfen, die sowohl für den Haushalt einzelner Städte, als auch für die Landesfürsten von großer Bedeutung waren. Sie waren es aber auch, die seinen Preis unnatürlich erhöhten.

In Erfurt werden die Waidabgaben schon 1250 erwähnt und finden sich dann häufig in den Lehens- und Verpfändungsurkunden von 1303, 1304 und 1306[3]. Die Zollabgaben auf Waid an den Grenzen der verschiedenen Landesfürsten sollen unerwähnt bleiben, da ja alle anderen Handelsartikel gleichfalls diesen Zöllen unter-

---

[1] D. h., es wollte die aus der Waidprobe sich ergebenden Einnahmen mit Görlitz teilen.

[2] Vergl. v. Weber, Archiv f. sächs. Gesch. XII, 305. Die polit. Beziehungen zwischen der Oberlausitz und Meißen.

[3] Zschiesche, a. a. O. S. 40.

worfen waren. Als charakteristisch für die Waidabgaben möchte ich die der Stadt Erfurt anführen, da uns von dieser Stadt das meiste Material zur Verfügung steht, und Erfurt als Hauptsitz des deutschen Waidhandels für die anderen Städte maßgebend war.

Die Dörfer, die Waid bauten, mußten außer den sonstigen Abgaben stets ein bestimmtes Waidgeld entrichten[1].

Von jedem Kübel Ballenwaid, der in der Stadt verkauft wurde (und es durfte nur in der Stadt Waid verkauft werden), erhielt der Rat vom Käufer und Verkäufer einen Groschen oder Schneeberger, ebenso von jedem Kübel bereiteten Waid[2], der die Stadt verließ[3]. In Köln wurden von jedem Maße Waid 3 s., für den Malter Waid 2 Mark Abgaben erhoben. Der Besteuerung unterlag sowohl der Waid, der in Köln verarbeitet, als auch derjenige, welcher exportiert wurde. Ein Kübel enthielt ca. 40 Schock Bälle. Pro Acker erntete man ca. 200 Schock Bälle = 5 Kübel, die also beim Kauf und Verkauf versteuert wurden und mithin eine ganz bedeutende Summe ergaben. In Köln wurde 1393 die Accise von den Waidpfennigen auf 2 Jahre an die Bürger Wolter von Dycke und Heinrich Jungelink gegen eine wöchentliche Abgabe von 24 Mark, einer

---

[1] So bekannte schon 1304 Heinrich, Graf von Gleichen, daß er den Erfurter Bürgern Theodericus de Sachsa und dessen Schwägern Theodericus et Albertus de Nuwsetzen die Dörfer Nuwsetze und Urbich mit allen Gerechtigkeiten, dem Halsgericht, dem Patronatsrechte und den Waidpfennigen für 25 Mark Silber auf Wiederkauf verkauft, die Käufer damit belehnt und ihnen die Gewähr zu leisten versprochen habe. Siehe Geschichtsquellen der Provinz Sachsen, bearbeitet von Dr. Carl Beyer S. 351, No. 509.

Diese Waidpfennige finden wir bei späteren Käufen und Verkäufen immer wieder aufgezeichnet. So heißt es in dem Lehnsbuche Friedrich des Strengen von Meissen und Thüringen:

Item dominus contulit Gebehardo de Sulczbach in villa Rohrbach 3 marcas redditum; item censum vulgariter weytgelt nuncupatum in Hochelheim et in Nuwenstete, in Poschendorf et in Phefelbach villis (in vier Dörfern der Gemeinde Buttelstedt).

Item de Sulczpeche censum dictum weytgelt in Oberingen, Dörfer des Amtes Gotha, dant weytgelt de quolibet agro qui cum sandice seminati fuerint $2^1/_2$ sexagenas.

Lehensbuch Friedrich des Strengen, Markgrafen von Meißen und Landgrafen von Thüringen von 1349—1350, herausgegeben von Woldemar Lippert und Hans Beschorner, Leipzig 1903, L. VI, 1. — Vergl. ferner Schreber, a. a. O. S. 140. — Zschiesche, a. a. O. S. 37.

[2] Quellen zur Geschichte der Stadt Köln Bd. I, S. 104. — Schreber, a. a. O. S. 140.

[3] Albrecht Henning, Steuergeschichte von Köln in den ersten Jahrhunderten städtischer Selbständigkeit bis zum Jahre 1370 S. 76.

für die damalige Zeit sehr hohen Summe, verpachtet. Die beiden Pächter mußten mit up gereckden vyngeren byfligen zen heiligen swoiren, alle wechen umber up den guedestach zu richten, zo gheven ind zo betzalen up yere steide renthammer vierindtzwentisch mark[1].

Wer Waidhandel treiben wollte, mußte des Rates „Laube und Zeddeln“ die ein Rat und niemand anders zu vergeben hatte, besitzen, wovon der Rat seine Gerechtigkeit, Waidgeld, hatte[2].

Den Städten erwuchsen aus den in ihren Mauern fortwährend stattfindenden Waidmärkten große Vorteile. Die Waidhändler waren meist sehr wohlhabende Leute (wurden Waldjunker genannt), und der Nutzen, der den Städten aus dem Vorhandensein einer Anzahl reicher Bürger erwuchs, war nicht gering[3].

Wurde nun der Waid aus den Städten versandt, so kamen die Landesherren, in Thüringen die Herzöge und Kurfürsten von Sachsen, und erhoben von jedem mit Waid beladenen Wagen den Waidzoll. Von jedem Wagen Waid, der durch Thüringen ging, mußte ein Gulden rhein. als Waidzoll an die sächsischen Fürsten gezahlt werden[4]. Herzog Wilhelm von Sachsen befreite jedoch 1455 die Städte Erfurt, Mühlhausen und Nordhausen von dem Waidzolle[5]. In Jülich spielte die Besteuerung des aus dem Herzogtum ausgeführten Waides noch 1538 eine bedeutende Rolle[6].

Nicht unerheblich waren auch die Geleitsgebühren. Nach der Erfurter Geleitstafel von 1441 zahlte[7]:

1 Wagen	Waid	3	Groschen	3	alte	pfennige.
1 Karren	„	1	„	6	„	
1 Kübel	„	—		6	„	
1 Faß	„	1	„	6	„	„

Die Geleitsgebühren wurden später in Erfurt aufgehoben, denn die Geleitsordnung von 1545 schreibt vor[8]: „Alles, das im

[1] Quellen zur Geschichte der Stadt Köln VI. Bd., S. 143 u. f.

[2] Quellen zur Geschichte der Stadt Köln Bd. I, S. 104. — Schreber Beilage. — Zschiesche Beilage.

[3] Als im Jahre 1552 der Gothaische Wall und Graben wieder hergestellt werden sollte und hierzu 12000 Taler aufgenommen werden mußten, brachten die dortigen Waidhändler den Betrag auf.

[4] von Ledebur, Allgem. Archiv für die Geschichtskunde des Preuß. Staates S. 231.

[5] Ebenda.

[6] Moritz Ritter, Zur Gesch. deutsch. Finanzverwalt. im 16. Jahrh. in Ztft. des Berg. Geschichtsvereins XX. Bd., S. 1—32.

[7] Dalberg, a. a. O. S. 37.

[8] Zschiesche, Beilagen.

Lande zu Döringen gewachsen ist, es sei Waid, Wein, Gerste, Haber, Hopfen gibt kein Geleit zu Erfurt, es wäre denn, daß es aus dem Lande geführet würde in die Städte, da es leitbar ist".

Gelangte nun der Waid schließlich in die Orte, wo er verkauft und zum Färben verwendet werden sollte, so wurde wiederum pro Wagen 1 Gulden Abgabe erhoben, wozu noch die Ausgaben für das „Schützen und Messen" kamen. (Vergl. unsere Berechnung bei Nürnberg und Görlitz.)

2. Die Bedeutung der Waidkulturen für die Landwirtschaft und Volkswirtschaft des Mittelalters.

Von ganz hervorragendem Einflusse war die Waidkultur auf die mittelalterliche Landwirtschaft. Wie in unserer Zeit durch die Kultur der Zuckerrüben die Landwirtschaft einen großen Aufschwung genommen hat, indem die Rübengüter an Intensivität der Bewirtschaftung vorbildlich für die gesamte Landwirtschaft geworden sind, so waren es schon vor 600 Jahren die Waidkulturen. Die Bauern des 13., 14. und 15. Jahrhunderts trieben die Bebauung ihrer Felder nach ganz primitiver Art, da der Anbau von Korn, Weizen, Hafer ja weiter keine besondere Pflege des Bodens erforderte. Den Bauern selbst fehlte jeder schwunghafte Zug, sie waren auch vielleicht viel zu gleichgiltig an eine rationellere Bewirtschaftung der Äcker zu denken. Durch den Waidbau änderte sich dies vollkommen. Durch die fortwährende Berührung mit den Städtern auf den Waidmärkten wurden sie intelligenter und fortschrittlicher, und durch den großen Gewinn, welcher ihnen aus dem Anbau des Waides erwuchs, zu rastloser Tätigkeit angespornt. Der Acker mußte zum Anbau des Waides oft und tief gepflügt, gut gedüngt, nach jeder Waidernte geeggt und drei- bis viermal des Jahres vom Unkraut gesäubert[1] werden. Er wurde so richtig in Kultur genommen, daß auch die andern Früchte als Weizen, Roggen, Gerste, Hafer auf einen so sorgfältig gepflegten Boden ganz andere Erträge wie sonst lieferten. Den Bauern wäre es doch in der damaligen Zeit nie von selbst eingefallen, den Acker zu hacken und monatlich drei- bis viermal vom Unkraut zu säubern, wenn nicht der Waid diesePflege bedingt hätte. Man vergleiche heute, wo doch der Boden schon überall hunderte von Jahren in Kultur ist, die Gegenden mit Rübenkulturen, mit Ländern, wo Zuckerrüben fehlen, und der Unterschied wird deutlich vor Augen treten,

[1] Schreber, a. a. O. S. 50.

da man nur durch den Anbau großer Flächen mit Hackfrüchten das Unkraut meistern kann. Man berücksichtige, daß damals die heute überall so vielfach angebaute Hackfrucht, die Kartoffel, in Europa noch nicht bekannt war.

Das Ernten, Waschen, Mahlen und Kneten der Waidblätter geschah viermal des Jahres, und es läßt sich denken, daß hierzu eine Menge Arbeitskräfte nötig waren. Dazu reichte denn bald die heimische Bevölkerung nicht mehr aus, und so wurden, genau wie heute bei der Rübenkultur, fremde Arbeitskräfte herangezogen, welche in den Waidfeldern beschäftigt wurden.

Bereits im 14. Jahrhundert, zur Zeit Karls IV., haben wir Kunde von diesen Wanderarbeitern, und sicherlich haben sie schon früher diese periodischen Wanderungen gemacht, nur sind Nachrichten nicht mehr erhalten. Sie kamen aus der Lausitz, aus der Umgegend von Luckau, Lübbenau, Löbau und Görlitz[1]. Coler berichtet in seiner Oeconomia[2] über diese Leute:

„Denn es kommen in Düringen viel Mannspersonen aus der Wendischen Mark, welche die Thüringi Polacken pflegen zu nennen, die solche Arbeit mit der Hand oder Waideisen nach der Meßruthe[3] umb einen gewissen Verdienst oder Besoldung zu verrichten und vom Acker abzustoßen pflegen."

Eine ausführliche Schilderung dieser Leute gibt Crolach[4] in seinem Buche: de cultura herbae Isatidis 1555. „Ehe die Waidernte angeht, kommt eine sehr große Menge Volk aus der Fremde zugelaufen, die man Polacken nennt. Es sind aber eigentlich Leute aus der Gegend von Löbau und Luckau in der Niederlausitz (Wenden), die sind so fleißig und unermüdet in der Ernte, daß sie knieend in wenigen Tagen etliche Acker abschneiden können. Ihrer 15 oder mehr setzen einen über sich, den sie den Schiffmann nennen und als ihren Vorgesetzten ehren, nach dessen Vorschrift sie sich bei der Arbeit meistens richten. Diese Schiffer vermieten sich, welches ihnen vornehmlich zukommt, und bedingen sich unter anderem aus, daß ihnen unter der Arbeit Essen und Trinken gereicht werde. Wenn aber einige der Unsrigen zu genau sind, so gehen sie diese Bedingung nicht ein. Alsdann tragen jene einem aus ihrer Mitte, den sie den Schaffner oder Ausgeber nennen, auf,

---

[1] Gelbe, a. a. O. S. 76. — Moehsen, a. a. O. S. 209.

[2] Coler, a. a. O. V, S. 188.

[3] Man scheint demnach schon in Akkord gearbeitet zu haben.

[4] Crolach, De Isatide Cult. et Praeparations in Schrebers Waidbuch. — Schreber, a. a. O. S. 54 und 62ff.

daß er für die Kost sorgen solle, damit die Arbeit nicht gehindert werde. Es werden ihnen Gesetze und Regeln vorgeschrieben, wie sie sich unter uns zu verhalten haben. Diese Gesetze sind durch churfürstlich- und fürstlich-sächsische Befehle unter ihnen gültig gemacht. Ehe sie wieder abziehen, werden sie alle zusammen berufen, und wenn einige Schulden gemacht haben, so müssen sie ihre Gläubiger befriedigen. Wenn sie aber nicht gehorsam sein wollen, so wird es ihnen am Lohne abgezogen. Bei ihrem Abschied aus unseren Städten und Dörfern kommen alle Schiffer zusammen und suchen sich in einem öffentlichen Wirtshaus eine Gelegenheit aus zu einem Schmause; sie müssen aber von der Obrigkeit des Ortes Erlaubnis dazu erhalten. Und diese wird ihnen insofern erteilt, wenn sie nicht betrunkener Weise Schlägerei anfangen, auch sonst nichts Unbilliges und Unerlaubtes vornehmen wollen. Diesem unterwerfen sie sich und bringen einige Tage in Fröhlichkeit zu; da denn eine Fahne zum Fenster herausgehänget ist, an welcher verschiedene Werkzeuge, die sie bei ihrer Arbeit brauchen, angemahlet zu sehen sind. Die Arbeit ist ihnen gleich eingetheilet, und wenn einige nicht das ihrige emsig verrichten, so werden sie verachtet und ausgelacht."

Aus dieser Schilderung von Crolach sehen wir die große Ähnlichkeit der früheren Waidgänger mit den heutigen Sachsengängern. Die Stellung des Schiffmanns, der die Leute an die Bauern vermietete und beaufsichtigte, sowie das ganze Leben und Treiben dieser Leute erinnert auffallend an die heutigen Sachsengänger. Die Arbeit geschah meist im Akkord, denn Coler berichtet von ihnen, „daß sie nach der Meßrute umb einen gewissen Verdienst arbeiteten". Diese Waidgängerei hat ca. 300 Jahre gedauert, durch den dreißigjährigen Krieg wurde sie unterbrochen und aufgehoben. Der Waidbau war durch diesen langen Krieg gänzlich in Verfall geraten und konnte infolge der Konkurrenz des Indigos nicht wieder aufkommen. Während der 300jährigen Dauer der Waidgängerei mag sicherlich eine starke Mischung zwischen den germanischen Thüringern und slawischen Lausitzern stattgefunden haben, genau wie man es heute bei der Sachsengängerei, die doch erst seit einigen Jahrzehnten existiert, beobachten kann. Ob diese Waidgänger auch nach anderen Gegenden als nach Thüringen gekommen sind, ist uns nicht bekannt, wir haben keinerlei Aufzeichnungen darüber finden können.

Die Sachsengängerei ist demnach gar keine neue Erscheinung; wir finden sie aus denselben Gründen hervorgerufen schon vor

500 Jahren, und wir können wohl mit Recht die in den Waidfeldern arbeitenden Personen, welche wir Waidgänger nennen wollen, als die ersten periodischen Wanderarbeiter Deutschlands bezeichnen.

Es ist uns leider unmöglich, so interessant es auch wäre, die Größe der Anbaufläche oder die Menge und den Wert des geernteten Waides in ganz Deutschland oder einem bestimmten Teile desselben genau festzustellen. Ist die moderne Statistik von Vollkommenheit noch weit entfernt und sieht sie vor 100 Jahren noch ganz betrübend aus, so läßt sie uns ganz im Stich, wenn wir 4 bis 500 Jahre zurückgreifen. Wir müssen daher versuchen, uns aus einzelnen noch vorhandenen Aufzeichnungen ein ungefähres Bild von der deutschen Waidproduktion im Mittelalter zu machen.

Aus einigen noch erhaltenen Aufzeichnungen kann man den Verbrauch dieses wichtigen Farbstoffes für einzelne Städte berechnen. In Görlitz[1] belief sich 1477 der Umsatz von Waid auf 9000 Maß; das Maß in der damaligen Zeit zu 40 Gulden[2] gerechnet, ergibt dies einen Betrag von 360000 Gulden; für die damalige Zeit gewiß eine sehr hohe Summe. Die jährliche Menge Waid, die Nürnberg verbrauchte, haben wir auf Seite 37 u. 38 ausführlich geschildert. Wir können für Nürnberg im 14. Jahrhundert einen jährlichen Verbrauch von 103 Wagenladungen Waid und für das 15. Jahrhundert von 211 Wagenladungen annehmen.

Crolach[3] bezeugt, daß zu seiner Zeit, also um die Mitte des 16. Jahrhunderts, einer Zeit, wo schon der Waidbau in Verfall war, ein Bauer aus 5 Waidäckern 150 Meißnische Gulden erworben habe. In Thüringen ist aber in über 300 Dörfern[4] Waid gebaut worden. Rechnet man für jedes Dorf durchschnittlich 50 Äcker, und diese Zahl ist nicht zu hoch angenommen, so ergibt dies folgende Summe: 300 Dörfer = 15000 Acker, 5 Acker = 150 Meißnische Gulden = 450000 Meißnische Gulden.

Schreber gibt an[5], daß zur Zeit der Blüte der Waidkulturen viele Dörfer allein für Waid 12—16000 Taler vereinnahmt hätten. Bei 300 Dörfern ergibt dies einen Betrag von 3600—4800000 Talern. Nach den Versuchen von v. Resch[6] erntete man pro Acker 200 Schock

[1] Hiervon gehen aber die Mengen ab, welche die anderen Lausitzer Städte in Görlitz kauften.

[2] Nach der Stotternheimschen Handelsbilanz berechnet.

[3] Schreber, a. a. O. S. 35.

[4] Ebenda S. 135. — Zschiesche, Waidregister.

[5] Ebenda S. 35.

[6] v. Resch, a. a. O. S. 62 u. 63.

Waidbälle. Während der ganzen Blütezeit des Waides betrug der Preis pro Schock 6 Groschen, was bei einem Anbau von 300 Dörfern die Summe von 750000 Reichstalern ergab. Der Preis von 6 Groschen ist aber durchaus nicht der höchste; es hat zur Zeit der Blüte der Waidkulturen Jahre gegeben, wo das Schock Bälle 12 Groschen gekostet hat. Zur Zeit des Verfalls im 18. Jahrhundert fiel allerdings der Preis auf 2—3 Groschen. Diese Summen erhielten die Bauern für ihren Ballen Waid. Hier sind die Summen, welche für den fertigen Waid erzielt wurden, nicht mit inbegriffen; dieselben müssen bei den Unkosten, welche durch die Verarbeitung und das lange Lagern entstehen mußten, wohl das Doppelte betragen haben. Zur Zeit als schon der Indigo dem Waid viel Konkurrenz machte, bezog allein die Litzbrandsche Handlung zu Leipzig noch für ca. 70000 Taler[1] Waid von einigen Waidhändlern zu Langensalza. Die Stotternheimsche Handlung zu Erfurt[2] verkaufte nach einer noch vorhandenen Bilanz im Jahre 1617 für 125158 Gulden Waid. Diese Summen, die schon aus der Zeit des Verfalls stammen, lassen erkennen, welche Kapitalien im Waidhandel zirkulierten. Wenn ein einziger Waidhändler im Anfange des 17. Jahrhunderts, also zu einer Zeit, wo infolge des Aufkommens der Gallen-, Sumach- und Blauholzfärberei, sowie des Eindringens des Indigos der Verbrauch des Waides schon sehr abgenommen hatte, noch für 125000 Gulden Waid verkaufen konnte, wie viel mag dann erst der Umsatz der gesamten Erfurter Waidhändler zur Zeit der Blüte der Waidkulturen betragen haben? Ein Kübel fertigen Waides enthielt 30 Schock ursprünglicher Waidbälle. Nach unseren Ausführungen können wir also pro Acker 200 Schock Waidbälle, ca. 3 Kübel verkaufsfertigen Waides rechnen. Nach der Stotternheimschen Bilanz müssen wir den Wert des Kübels mit ca. 40 Gulden[3] ansetzen; dies ergibt, 3 Kübel fertigen Waides pro Acker gerechnet, 120 Gulden pro Acker. Bei 300 Dörfern, wie wir bisher angenommen haben mit je 50 Acker, ergibt das eine Summe von 1800000 Gulden. Wir können Schreber recht geben, wenn er behauptet, daß ein kleiner Bezirk von 5 Meilen den Bauern jährlich 3 Tonnen Geldes eingebracht habe. Diese Summen, welche in der damaligen Zeit einen ganz bedeutenden Wert repräsentierten, sprechen wohl deutlich genug für

[1] Zschiesche, a. a. O. S. 43.

[2] Schreber, a. a. O. S. 34, Beilagen S. 69.

[3] Zu manchen Zeiten hat ein Kübel 20 Taler gekostet. Schreber, a. a. O. S. 136.

die Wichtigkeit der Waidkulturen für die Volkswirtschaft Deutschlands im Mittelalter. Nun sind aber diese Beträge nur für Thüringen berechnet; welche Summen würden sich aber erst ergeben, wenn man den Wert der Waidkulturen in der Mark, um Meißen, Braunschweig, Magdeburg, am Niederrhein, in Schlesien und Niederösterreich feststellen könnte? Laurentius Riska gibt an, daß vor dem 30jährigen Kriege 1 Färber 100 Faß Waid und wohl auch noch mehr verbraucht habe[1].

Man denke nur an den ungeheuren Luxus, der gerade im 15. und 16. Jahrhundert in Deutschland, damals das reichste Land Europas, mit Kleidern getrieben wurde. Geiler von Kaisersberg behauptet[2], daß damals Bürgersfrauen Kleider im Werte von 3—400 Gulden am Leibe trugen, und das zu einer Zeit, wo 300 Gulden einen so hohen Wert hatten, daß man ein gutes städtisches Wohnhaus dafür kaufen konnte. Schon 1400, so berichtet ein Chronist[3], „war ein so großer Überfluß an prächtigen Gewändern, wie nie zuvor“, und dieser Luxus blieb trotz aller Verbote der hohen Obrigkeit, bis zu Ausgang des 16. Jahrhunderts bestehen. Nun wurden, wie wir schon erwähnten, in damaliger Zeit alle schwarzen, blauen und grünen Gewänder nur mit Waid gefärbt, ja selbst zum Nuancieren von Rot wurde er verwendet. Welche große Mengen Waid müssen da verbraucht worden sein, zumal zu schwarzen und dunkelblauen Stoffen außerordentlich viel Waid verbraucht wurde! Man rechnete auf 3 Tuche ca. 1 Faß[4].

Aber nicht nur für die heimischen Färbereien wurde Waid gebaut, vielmehr versorgte im Mittelalter Deutschland einen großen Teil Europas damit. Die Ausfuhr des deutschen Waides während des Mittelalters fand schon sehr früh statt. Den Export von märkischem, meißnischem, magdeburgischem, braunschweigischem und sächsischem Waid im 13. Jahrhundert haben wir schon erwähnt[5], und wir können annehmen, daß seit dieser Zeit regelmäßig Waid nach dem Ausland gegangen ist. In den Zollordnungen der niederländischen Regenten spielt der deutsche Waid das ganze Mittelalter hindurch eine große Rolle[6]. Guicciardini zählt unter die

[1] Laurentius Riska, Waidbedenken S. 94; abgedruckt in Schrebers Waidbuch.

[2] Sander, a. a. O. S. 30—34.

[3] Weiss III. Bd., S. 221 u. a.

[4] Knothe, a. a. O. S. 279. — Cod. dipl. Siles VIII, 16.

[5] Seite 26 unserer Arbeit.

[6] Hans. Urk.-Buch I, 432; III, 367 u. a. Guicciardini, „Nachrichten von den Handelsgegenständen zu Antwerpen“. Vergl. Carl von Dalberg, Beiträge zur Geschichte der Erfurter Handlung S. 13.

Waren, die hauptsächlich aus Deutschland nach Antwerpen gebracht wurden, besonders Waid. Antwerpen war im Mittelalter ein Tauschplatz von Weltruf, und wer da weiß, wie scharfsinnig, bestimmt und glaubwürdig Guicciardini, der zu Ausgang des Mittelalters in dieser Stadt lebte und alles mit eigenen Augen ansah, gewesen, der wird an der Wichtigkeit des deutschen Waidexportes nicht zweifeln. Die Hanseakten[1] und andere hanseatische Urkunden[1] zeigen die häufige Verschiffung deutschen Waides nach England im 14. und 15. Jahrhundert. Ein noch erhaltenes Schadenverzeichnis hansischer Kaufleute an die Engländer, aus dem Jahre 1469 stammend, gibt uns Auskunft über den Preis des Waides in der damaligen Zeit. In diesem Schadenverzeichnis fordert der hansische Kaufmann Joris Tack für 40 Quart Waid 100 £. Ein anderer unbekannter hansischer Kaufmann fordert für 10 Quart Waid 20 £. Die Kaufleute Hennig Buringe & Werner Cubik verlangen für 20 Faß Waid 600 Mark. Wir sehen, daß das Faß Waid damals ein sehr wertvolles Objekt war. Noch zur Zeit der Königin Elisabeth[2] wurde regelmäßig Waid von Hanseaten nach England verschifft. So exportierte 1597—1603 Hamburg über Stade nach England folgende Mengen Waid:

1597/98	1598/99	1601	1602	1603
15 Faß	22 Faß	23 Faß	6 Sack 48 Faß	$23^1/_2$ Faß.

Zu dieser Zeit wurde aber in England schon viel Waid selbst gebaut[3]; außerdem war durch das Eindringen von Gallen, Sumach, Blauholz und Indigo in die Färberei der Verbrauch an Waid bedeutend zurückgegangen. Welche Summen müssen da im 14. und 15. Jahrhundert, wo in England fast gar kein Waid gebaut wurde und wo alle schwarzen und blauen Farben nur mit Waid gefärbt wurden, verschifft worden sein?

Auch Polen[4] und Ungarn[4], selbst Italien[5] bezog diesen Farbstoff aus Deutschland, hauptsächlich aus Thüringen und Niederösterreich. Im letzteren Lande war Waidhofen der Hauptexportort.

---

[1] Karl Kunze, Hanseakten 139 u. 186. — Hans. Urk.-Buch VIII, 1222 und III, 367, IX, 541. — Stieda, Quellen der Handelsstatistik im Mittelalter S. 15—16.

[2] Ehrenberg, a. a. O. S. 39, 283, 292, 347.

[3] Samuel Trowells, Neue Abhandlung von dem Ackerbau 107. — Schreber, a. a. O. S. 23.

[4] Ledebour, Allgem. Archiv für die Geschichtskunde des Preuß. Staates S. 231 u. f. Neue Folge.

[5] Doren, a. a. O. S. 80. — Nübling, a. a. O. S. 444.

Leider wissen wir nicht, in welchen Mengen der Waid nach diesen Ländern ging und welche Summen dafür nach Deutschland flossen; doch sehen wir auch an diesem Exporthandel, welche Wichtigkeit die deutschen Waidkulturen für die heimische Volkswirtschaft hatten. Für manche Gegenden und Städte war der Waidbau eine nie versiegende Quelle zur Erlangung von Wohlstand und Reichtum. So z. B. für Thüringen.

Einige Äußerungen von Zeitgenossen über die Wichtigkeit des Waidbaues für den Wohlstand eines Landes seien hier angeführt.

Als Sophia, Herzogin von Brabant[1], Tochter des Landgrafen Ludwigs VI. von Thüringen, wegen ihres Sohnes Heinrich Ansprüche an Heinrich den Erlauchten von Meißen auf Thüringen machte und dieser seine Räte um Rat fragte, was er tun sollte, da wurde ihm gesagt: „Das Land Thüringen, gnädigster Herr, ist edel und reich, daher gebt es weder weg, noch zerteilet es. Es ist so gut, daß, wenn Ew. Fürstl. Gnaden einen Fuß im Himmel und den andern auf der Erde in Thüringen hätten, so sollten Sie den aus dem Himmel zurückziehen und in Thüringen bleiben!" Ein anderer Zeitgenosse sagt[2]: „Der Waidbau ist des Landmanns Nahrung, ein sehr reicher Gewinn des Bürgers und die Stütze und Fundgrube von ganz Thüringen." Er erzählt folgende Historie, die er für wahr und gewiß hält: „Als einst einem Thüringer gesagt wurde, er möge doch etwas Geld anlegen und Gold und Silber in den Bergen suchen, erwiderte er: ‚Ich habe zu Hause einige Waidfelder, und wenn die mein Hofmeister nur eine Hand hoch umgearbeitet hat, so bin ich zufrieden mit dem, was mir die ergiebige Erde auf der Oberfläche mitteilt. Da andere tief in die Schächte hineinfahren, so haben wir auch unsere Gold- und Silbergruben, indem wir das Gold und Silber von oben hinwegnehmen, ihr aber müßt es erst aus dem innersten Teil der Erde herausnehmen'."

Coler schreibt in seinem Hausbuche[3]: „Wieviel das Thüringer Land an anderen Früchten ein fruchtbar Land ist, sonderlich was Korn, Weizen, Wein und dergl. mehr anlangt, so wird doch aus fremden Ländern mehr Geldes und Gutes für und um Waid nach Thüringen geführt, als für die anderen Früchte alle miteinander." Johann Conrad Knauth berichtet[4]: „Dieses Farbenkraut und der Waidhandel ist gleichsam des Thüringer Landes goldenes Vlies,

---

[1] Johann Heinrich v. Falkenstein, a. a. O. S. 149 und 150.
[2] Crolach, De cultura herbae Isatidis S. 48. — Schreber, a. a. O. S. 33.
[3] Coler, a. a. O. B. V. C. 86.
[4] Schreber, a. a. O. S. 42.

weil es sehr weit und breit durch die umhergelegenen Lande verführet, verbraucht und grosses Geld macht. Demnach hätten die Erfurter Ratsherren guten Fug, der Englischen Parlamentsherren (welche auf Wollsäcken sitzen und Rat zu halten pflegen) Gewohnheit nach, ihre Polsterstühle, statt mit Wolle, mit Waid zu füttern."

Laurentius Riska sagt[1] in seinen Waidbedenken: „Durch den Waidhandel bleibt das Geld im Lande und vom Auslande kommt viel Geld ins Land. Davon hat grossen Nutzen:

1. Der arme Mann und Tagelöhner, der in den Waid arbeitet und seinen täglichen Verdienst zu seines Leibes und der Seinigen Unterhaltung hat.

2. Der Adel, Bürger und Bauer, so den Waid bauen, pflanzen und behandeln.

3. Wenn der Waidbau im Schwunge ist, dann werden Ew. Kurfürstl. Durchlaucht auch an dero Einkünften es merken."

Crolach schreibt über seine Zeit: „Wenn die Bauern das Waidgeld empfangen haben, so heißt es bei ihnen, sie genießen, was sie erwerben, und stellen miteinander in aller Fröhlichkeit Gastereien an. Denn zu der Zeit entschlagen sie sich aller Sorgen und tun sich etwas zugute, zumal weil sie nicht geringen Profit dabei haben, indem die Äcker in einem Jahre drei- bis viermal Ertrag bringen."

Es war eben der große volkswirtschaftliche Vorteil, daß nicht nur eine Klasse von Leuten den großen Nutzen vom Waidbau hatte, sondern dass alle Schichten der Bevölkerung daran teilnahmen. Die Landesherren und Städte, welche die Abgaben vom Waid erhielten, der Adel als Grundbesitzer, dessen Renten sich erhöhten, die Bauern, die durch den Waidbau zu größerem Wohlstande gelangten, die Arbeiter, die in den Waidfeldern und bei der Bereitung des Waides ihren reichlichen Verdienst fanden, die Handwerker, welche die Gerätschaften für die Kultur und Zubereitung des Waides, als Stoßeisen, Waideisen, Waidmühlen, Waidhorden, Waidkübel, Waidfässer lieferten, die Fuhrleute, die den Waid nach allen Richtungen hin führten, und nicht zum geringsten die Gastwirte und Bierbrauer: sie alle hatten großen Nutzen vom Waid. Die machtvolle und angesehene Stellung, welche Erfurt im Mittelalter einnahm, läßt sich neben verschiedenen anderen Einflüssen doch nur auf das Vorhandensein erheblichen Reichtums

[1] Abgedruckt in Schrebers Waidbuch als Beilage.

zurückführen[1]. Geld war Macht, früher wie heute. Nur durch bedeutende Mittel war es möglich, daß Erfurt sein Gebiet so vergrößern konnte, daß es gegen 100 Ortschaften und nicht wenige feste Schlösser und Burgen besaß und als eine der ersten Städte in Deutschland Söldnerheere unterhalten konnte. Nur eine reiche Stadt wie Erfurt konnte aus eigenen Mitteln eine Universität gründen und unterhalten, wohl als die erste Universität in Deutschland, welche vier Fakultäten umfaßte. Die Erfurter Universität, die 1392 gegründet wurde und während des Mittelalters ihresgleichen suchte, verdankt ihre Gründung wohl nur den Waidkulturen in Thüringen[2]. Die Erfurter Waidaristokratie, die die Mittel zur Gründung und Unterhaltung der Universität aufgebracht hatte, hat sich so für alle Zeiten ein rühmliches Andenken gesichert.

II. Das Auftreten des Indigos und anderer ausländischer Farbstoffe.

A. Die Veränderungen in der Färberei und das Aufkommen der Gallen-, Sumach- und Blauholzfärberei.

Waren somit bis zum 16. Jahrhundert die deutschen Farbstoffe in der heimischen Färberei gänzlich vorherrschend und eine fortwährende Quelle nationalen Wohlstandes, so änderte sich dies im Laufe des 16., 17. und 18. Jahrhunderts vollkommen. Die Entdeckung Amerikas und des Seeweges nach Indien — Ereignisse, die auf allen Gebieten eine so große Umwälzung hervorriefen — waren auch für die Färberei von der größten Bedeutung. Ganz neue und bis dahin in Europa unbekannte Farbstoffe, und die schon im Altertum bekannten, im Mittelalter aber wegen ihrer Kostbarkeit wenig angewandten Farbematerialien kamen jetzt in großen Mengen wohlfeil nach Europa und verdrängten im Laufe der Jahrhunderte die im Mittelalter gebräuchlichen Farbstoffe gänzlich.

Aber nicht nur auf dem Gebiete der Farbmaterialien trat während dieser Epoche eine vollständige Umwälzung ein, auch die

[1] W. G. A. v. Tettau, Über das staatsrechtliche Verhältnis von Erfurt zum Erzstift Mainz S. 86 u. f.

[2] Akten der Universität Erfurt. Hist. Kommission der Provinz Sachsen. Halle 1881. Bd. 8. Einleitung.

Technik des Färbens, die das ganze Mittelalter hindurch fast stabil war, nahm an der Umwälzung teil. Infolge des niederländisch-spanischen Krieges und der Aufhebung des Ediktes von Nantes[1] kamen niederländische und französische Färber nach Deutschland und brachten die Geheimnisse und Vorteile der in ihren Ländern sehr vorgeschrittenen Färberei zu uns. Vor allem wurde durch die französischen Emigranten die Druckindustrie nach Deutschland gebracht, wo 1698 in Augsburg die erste Druckerei gegründet wurde[2]. Überhaupt stand während des 17. und 18. Jahrhunderts die deutsche Färberei unter dem Einflusse der ausländischen, insbesondere der französischen. Der französische Minister Colbert war es, der zuerst den großen nationalökonomischen Wert der Färberei erkannt hatte und sich die Förderung dieses wichtigen Gewerbes besonders angelegen sein ließ[3]. Die Mitglieder der Pariser Akademie der Wissenschaften, insbesondere Dufay, Hellot, Macquer, Berthollet haben sich viel mit der Färberei beschäftigt und durch ihre vortrefflichen Arbeiten diesem Zweig der Volkswirtschaft neue Wege gewiesen. Mit Hilfe der Physik und Chemie suchten diese Forscher die wahren Vorgänge bei der Färberei zu ergründen und ihnen dankt die Färberei die große Förderung im 18. Jahrhundert. Auch die Engländer Newton und Bancroft haben sich große Verdienste um dieses Gewerbe erworben.

Mit den Entdeckungen von Priestley, Scheele und Lavoisier, gleichzeitig mit der für die gesamte Textil-Industrie so wichtigen Erfindung der Spinnmaschine von Hargreaves (1774), der Dampfmaschine von Watt (1782), der fabrikmäßigen Darstellung der Schwefelsäure (1774), der Leblancschen Soda (1793) und des Chlorkalkes (1793) beginnt eine neue Periode in der Entwickelung der Färberei[4]. Geniale Männer[5] wiesen nun auch in Deutschland auf

---

[1] von Cochenhausen, a. a. O. S. 4.

[2] von Cochenhausen, a. a. O. S. 4. — Berthollet, Handbuch der Färbekunst, Einleitung, XXX.

[3] Hellot, Färbekunst. — Berthollet, Handbuch der Färbekunst, Teil III u. IV.

[4] von Cochenhausen, Muspratts Chemie S. 5.

[5] So schreibt J. H. O. Bergius: „Die Färberei ist ein zum Flor und zur Aufnahme der Manufakturen unentbehrliches und wichtiges Nahrungsgeschäft. Die besten Manufakturanstalten in Wolle, Baumwolle, Leinen und Seide werden allemal einen schlechten Fortgang haben und ihre Manufakturwaren niemals in einen blühenden Zustand kommen, wenn es ihnen an schönen und dauerhaften Farben fehlt. Die feinen Tuch- und Wollenmanufakturen mögen an sich ohne Tadel sein, sie werden dennoch in dem auswärtigen Handel keinen Absatz finden,

die Wichtigkeit der Färberei für die Volkswirtschaft hin, und auch in den Kreisen der Regierungen nahm man sich immer mehr der Färberei an. So gab Hermbstädt[1] im Auftrage Friedrich Wilhelms III. von Preußen ein ausführliches Lehrbuch über die Färberei heraus, das uns zugleich einen Überblick über die Kenntnisse in der Chemie der damaligen Zeit gibt. Man war sich bereits zu dieser Zeit bewußt, daß sich der Leiter einer Färberei nicht nur die Kenntnisse seines Gewerbes, vielmehr umfassendes Wissen auf dem Gebiete der Chemie aneignen müsse. So wurde die Färberei dasjenige Gewerbe, mit dem sich die Chemie zu dieser Zeit am meisten beschäftigte. Die Fortschritte dieser jungen Wissenschaft erklärten immer mehr die bisher noch nicht oder falsch verstandenen Vorgänge beim Bleichen, Färben, Drucken und führten zu Verbesserungen und Vereinfachungen.

War somit die neue Epoche für die Entwickelung der Technik der Färberei außerordentlich fördernd und gewinnbringend, so war sie, vom volkswirtschaftlichen Standpunkte aus betrachtet, von großem Nachteil. Ganz abgesehen davon, daß die deutsche Färberei infolge Rückganges der deutschen Textil-Industrie gegenüber dem Auslande nicht mehr die wirtschaftliche Bedeutung hatte wie im Mittelalter, war es eine schwere Schädigung der heimischen Volkswirtschaft, daß durch die neueingeführten Farbstoffe die im Mittelalter so blühenden deutschen Farbstoffkulturen untergingen. Der Krapp ist der einzige alte Farbstoff, dessen Anbau bis zum Beginn der Teerfarbenindustrie wirtschaftliches Interesse für Deutschland hatte. Die anderen mittelalterlichen Farbstoffe, vor allem der so bedeutende Waid, wurden durch diese fremden Farbstoffe gänzlich verdrängt oder verloren doch sehr an Bedeutung. Neben dem deutschen Krapp sind es die fremden Farbstoffe Indigo, Cochenille, Blauholz, Brasilholz, Rotholz, Gelbholz, Gallen, Sumach, Orseille, Curcuma, Orlean, Querzitronenrinde etc., welche im 17. und 18. Jahrhundert der deutschen Färberei das Gepräge verliehen. Die Färber, die, wie wir ausführten, bisher zur Tuchmacherzunft ge-

---

sobald man wahrnimmt, daß ihre Farben nicht echt sind, sondern bald verschießen und kein schönes Aussehen haben. Wenn demnach die Landespolizei ihre Wollen-, Leinwand-, Baumwollen- und Seidenmanufakturen in einen blühenden Zustand setzen will, so muß sie ihr vornehmstes Augenmerk auf die Färberei wenden, um bei ihren Manufakturen im Lande zu recht schönen und dauerhaften Farben zu gelangen."

[1] Vergl. J. H. O. Bergius, Neues Cameralmagazin, Art. Färberei § 1. — Sigismund Friedrich Hermbstädt, Grundriß der Färbekunst, Berlin und Stettin 1802.

hörten, bildeten nun, durch verschiedene Umstände veranlaßt, eigene Innungen[1].

Die große Umwälzung, die durch die neuen Farbstoffe auf wirtschaftlichem und technischem[2] Gebiete hervorgerufen wurde, ging keineswegs glatt von statten. Es erfolgten vielmehr in der ersten Zeit scharfe Verbote gegen die neuen Färbeverfahren, sowie auch gegen einzelne neue Farbstoffe, und man war fortwährend bemüht, sich unabhängig vom Auslande zu machen. Die Farbstoffe, die zuerst eine Änderung in der Färberei hervorriefen, waren Gallen, Sumach und Blauholz.

Galläpfel. Gallus sind die Auswüchse der Blätter und jungen Zweige der Färber- oder Galläpfeleiche, Quercus infectoria, entstanden durch den Stich der zu den Hymenopteren gehörenden Eichengallwespe, Cynips gallae tinctoriae[3]. Obgleich in Deutschland Galläpfel vorkommen, so bezog man doch den größten Teil vom Auslande, da die heimischen Galläpfel wenig Gerbstoff enthalten. Im Handel unterschied man allepische oder türkische Galläpfel, cyrische und europäische Gallen. Letztere kamen hauptsächlich als Morea, Abbruzzo, Istrianer und ungarische Gallen in den Handel.

Sumach, Schmack. Hierunter ist das getrocknete und zu einem groben Pulver verriebene Gemenge der Blätter, Blattstiele und jungen Zweige von Rhus coriaria, Rhus cotinus, glabrum und anderer Arten zu verstehen. Sumach wurde meist von Sizilien, Italien, Spanien, Portugal und Frankreich bezogen[4].

Blauholz. Kampescheholz ist das von Rinde und Splint befreite Stammholz des Blutholzbaumes, Haematoxylon Campechianum, einer an der Kampeche-Bai, auf der Halbinsel Yugatan und einigen westindischen Inseln wildwachsenden und auch angebauten Cäsalpinie zu verstehen. Das Blauholz wurde hauptsächlich von der Kampeche-Bai, Jamaika, Domingo, Honduras, Martinique, Guadeloupe bezogen[5].

---

[1] Bücher, Handwörterbuch für Staatswissenschaften, Artikel Gewerbe. — v. Zwiedineck-Südenhorst, a. a. O. S. 201 u. f. — Bergius, a. a. O. S. 290 u. f.

[2] Vor allem nahm die Zahl der Beizen außerordentlich zu. So seien hier nur die verschiedenen Verbindungen des Aluminiums, Eisens, Zinns, Chroms, Kupfers, Bleis, Arsens erwähnt. Ebenso spielen Gummi, Textrin, Stärke, Öle, Eiweiß, Proteinstoffe, Kieselsäure, Schwefel, Kuhdünger u. a. eine große Rolle. — v. Cochenhausen, a. a. O. S. 14 u. f. — Kielmeyer, a. a. O. S. 325.

[3] v. Cochenhausen, a. a. O. III, S. 281/82. — Dr. Jul. Mayer, a. a. O. S. 19.

[4] v. Cochenhausen, ebenda S. 284. — Dr. Jul. Mayer, a. a. O. S. 23 u. f.

[5] v. Cochenhausen, ebenda S. 192/193. — Dr. Jul. Mayer, a. a. O. S. 48 u. f.

Wie wir ausführten, hatte man das ganze Mittelalter hindurch zur Schwarz-, Grau- und Blaufärberei nur Waid verwendet. Einzelne Städte, wie z. B. Augsburg, haben zu Ausgang des Mittelalters zur Schwarzfärberei auch Rausch benutzt. Am Ende des 15. Jahrhunderts scheint dann in verschiedenen Gegenden Deutschlands die Gallen- und Sumachfärberei aufgekommen sein. Zwar heißt es noch in der Wollenweberordnung der Markgrafschaft Baden von 1486[1]: „Item es soll auch kein schwartz werk oder tuch one weyd geferbet werden, es wer denn sach, daß ein inwohner oder ein ußman ime selber und sinen kinden solliche farb one weyd anmessen wollte, so soll der ferber denselben zu den schawern füren, alsbald so sollen die schawer von dem trüwe nemme, da er dasselbige Tuch mit verkaufen wolle und imme oder sinen kinden anmachen, das soll einen jeglichen Ferber empholen werden by der straf meines gnädigen Herrn.“ Aber bereits in der ersten Hälfte des 16. Jahrhunderts heißt es in dem Innungsartikel der Leineweber zu Leipzig[2]: „Es soll auch durch die Ferber aus guter, beständiger Farbe als Gallus und Rausch, wie sie uns denn susagt, geferbet werden.“ Auch in der Oberlausitz[3] wurde um diese Zeit wenigstens Grau mit Gallen gefärbt. Diese neue Gallenfärberei fand wegen ihrer Billigkeit schnell Eingang in die Färberei, doch hatte diese Art zu färben den großen Nachteil, daß man das hierbei als Beize dienende Vitriol nicht recht anzuwenden verstand, so daß die Farbe leicht verschoß oder die Tücher zerfressen wurden. Möglich, daß auch die „eschfarb“, die zu dieser Zeit in Straßburg hergestellt wurde und die als zarte Farbe galt, der der Makel schneller Vergänglichkeit anhaftete[4], durch Gallen oder Sumach erzeugt wurde. Es heißt von ihrer Herstellung[5]: „umb das eschfarb, so sagen wir duchscherer das wir keynen ducher oder weber wüssen in diser statt, dem wir gedörften getrouwen, das sie uns gut eschfarbs machtent, dann es ist ein sorglich varb zu machen, und wann eyn duchscherer nach der farb nit ime etwan könnte helfen, gestünde er übel als obstöt[5].“ Auch in anderen Orten scheint die Gallenfärberei Schwierigkeiten betreffs ihrer technischen

---

[1] Mone, a. a. O. 9. Bd., S. 151.

[2] Dr. Otto v. Zwiedineck-Südenhorst, a. a. O. S. 203.

[3] Knothe, a. a. O. S. 279.

[4] Wilh. Stieda, „Zunfthändel im 16. Jahrh.“, gedruckt im hist. Taschenbuch von Wilh. Maurenbrecher, 6. Folge, IV. Jahrg., S. 328.

[5] Schmoller, a. a. O. S. 121.

Ausführung gehabt zu haben. Die Anwendung von Gallen wurde daher von der Obrigkeit verboten; so wurden 1575 in Lüneburg[1] einige Tuchhändler bestraft, weil sie gallenscharz hatten färben lassen; das gleiche gilt auch für Hamburg[1]. Aber trotz dieser Verbote wurde mit Gallen weiter gefärbt. So bezog zu Ausgang des 16. Jahrhunderts Hamburg aus England folgende Mengen Gallen[2]:

1598/99	1600	1601	1602	1603
2 Faß	10 Ballen	77 Sack	70 Sack	165 Sack
20 Sack		5 Ballen	5 Ballen	50 Ballen
1 Ballen				10 Oxhoft.

Seit der Benutzung der Gallen zum Färben scheinen dieselben sehr im Preise gestiegen zu sein. So wird 1572 von Leipziger Färbern berichtet, daß der Preis eines Zentners Gallus von 8 auf 26 Gulden gestiegen sei[3].

Zu Ausgang des 16. Jahrhunderts scheint auch das Blauholz in der deutschen Färberei Verwendung gefunden zu haben und mit Gallen und Sumach zum Schwarzfärben benutzt worden zu sein. So klagten 1608 die Hamburger „Wandschneider“[4], daß mit Blauholz, Sumach und anderen undienlichen Materien so gewirtschaftet werde, „daß es wohl von außen schön anzusehen sei, aber im Grunde untüchtig ist; daher werde auch von Fremden an verschiedenen Orten über böse Hamburger Farben geklagt und der herrlichen Nahrung des Tuchhandels, der Färberei und Bereiterei allhier könnte leichtlich Schaden zugefügt werden“[5]. Noch 1610 verlangten die Wandschneider, die Färber sollen sich des Blauholzes, der Gallen und des Sumachs enthalten. Auch in Straßburg scheint in der 2. Hälfte des 16. Jahrhunderts diese Gallen-, Sumach- und Blauholzfärberei aufgekommen zu sein, da berichtet wird[6], daß zu dieser Zeit dort neue Farben aufkamen. Sie gefielen durch Schönheit, waren indes leicht vergänglich und verdarben das Zeug,

---

[1] Ehrenberg, a. a. O. S. 291. Die Lüneburger Tuchhändler hatten etliche englische Tücher gallenschwarz färben lassen, wofür sie bestraft wurden. Sie remonstrierten mit der Erklärung, daß in Hamburg, Antwerpen und England jetzt ebenfalls das Gallenfärben aufgekommen sei. Als sie indes hörten, daß ihre Hamburger Berufsgenossen die Gallenfärberei abgeschafft hätten, schlossen sie sich dem an. Auch in England wurden die Gallen verboten.

[2] Ehrenberg, a. a. O. S. 336.

[3] Zwiedineck-Südenhorst, a. a. O. S. 222.

[4] Ehrenberg, a. a. O. S. 292.

[5] Ebenda.

[6] Wilh. Stieda, „Zunfthändel“, a. a. O. S. 328.

so daß später gegen ihre Anwendung von Obrigkeits wegen eingeschritten wurde. Auch in England erfolgten scharfe Verbote gegen diese Farben[1]. In der ersten Hälfte des 17. Jahrhunderts scheint man dann mit diesen Farben bessere Resultate erzielt zu haben. Man hatte vielleicht inzwischen gelernt, die schädliche Wirkung des Vitriols zu beseitigen, denn in der württembergischen Landesordnung von 1621, die sich in scharfen Worten gegen die Teufelsfarbe — den Indigo — wendet, wird Gallus als gute Farbe bezeichnet. Nach dem Statut der Straßburger Schwarzfärber von 1629 sollte Schwarz mit Gallus gefärbt werden[2]. Wir können wohl annehmen, daß seit dieser Zeit die Gallen-, Sumach- und Blauholzfärberei unbehelligt ausgeübt werden konnte.

Beim Färben mit Rausch und Gallus und wohl auch bei Sumach und Blauholz spielte der „Schlieff" eine große Rolle. So brauchte zu Ausgang des 16. Jahrhunderts in Leipzig ein Färber ca. 30 Tonnen Schlieff[3], die Tonne zu je 3 Taler. In der Urkunde der Tuchmacher zu Bautzen von 1634 heißt es ausdrücklich[4]: „Item es soll auch der ferber wie auch ein jeder meister, der seine Tuche selbst ferbet, keinen anderen schlief, als von den schleiffern erkauft wird, gebrauchen, by straff 1 schock." In Leipzig gab es Färbereien, zu denen eine besondere „schlief" gehörte[5]. Trotz eifriger Nachforschungen und persönlicher Erkundigungen bei Färbern haben wir nicht erfahren können, was unter „schlief" zu verstehen ist, und welchen Zweck er bei dem Färbeverfahren zu erfüllen hatte. Wir sind daher auf Mutmaßungen angewiesen und sind geneigt anzunehmen, daß unter „schlief" der Abfall der Schleifsteine zu verstehen ist. Es mag dies sehr unwahrscheinlich klingen, doch ist die Verwendung von Schleifsteinabfällen, in denen ja immer Eisen enthalten ist, das bei Gallen- und Rauschfärberei eine wichtige Rolle spielt, in der damaligen Zeit sehr leicht möglich. Im Plattdeutschen der Industriestadt Solingen heißt der Absatz aus dem zum Befeuchten des aus Sandsteinen bestehenden Schleifsteines dienenden Wassers „Schleep oder Schliep". Sehr wahrscheinlich ist das mittelalterliche „schlief" nichts anderes als beim Schleifen sich abtrennende Eisenteilchen, vermischt mit Zerreibsel

---

[1] Ehrenberg, a. a. O. S. 292. — Poppe, a. a. O. III, S. 383.

[2] Schmoller, a. a. O. S. 260.

[3] v. Zwiedineck-Südenhorst, a. a. O. S. 222.

[4] Knothe, Der Tuchmacher zu Budissin ordnung und artikel . . Beilage No. 15, S. 373, Abs. 10.

[5] v. Zwiedineck-Südenhorst, a. a. O. S. 221.

des Schleifsteines. In der vorhin genannten Bautzener Tuchweberordnung werden gleich nach der Vorschrift über „schlief“ die Feilspäne, welche den Tuchen schädlich seien, verboten. Es geht daraus ganz klar hervor, daß bei der Rausch- und Gallusfärberei Eisen verwendet wurde. Es hatte sicher den Zweck, als Beize zu dienen. Das Eisen in irgend einer Säure so aufzulösen, daß es den Stoffen nicht schädlich war, hat man aber jedenfalls zu der Zeit nicht verstanden. Man hat daher die Färberbrühe, die durch irgend ein Mittel schwach sauer gemacht worden war, mit „schlief“, den Abfällen der Schleiferei, versetzt. Hier hatte man das Eisen in fein verteilter Form als Eisenoxydhydrat, das vollständig unschädlich und in ganz schwach saurem Farbebade löslich war. Feilspäne oder Eisen in sonstiger fester Form bedurften zu ihrer Lösung ein viel stärker saures Farbebad. Auch war ihre Anwesenheit der Wolle oder den Stoffen schädlich, da sie bei nicht vollständigem Auflösen darin stecken blieben.

Durch die immer weitere Verbreitung der Gallen-, Sumach- und Blauholzfärberei ging der Anbau des Waides sehr zurück, da gerade zur mittelalterlichen Schwarzfärberei sehr viel Waid gebraucht wurde. Als dann mit dem Indigo ein blaufärbender Konkurrenzfarbstoff auftrat, mußte die Lage der Waidkulturen eine sehr bedenkliche werden.

B. Die Einführung des Indigos verursacht den Untergang der Waidkulturen, denn trotz aller Verbote, mit Indigo zu färben, wird seine Anwendung immer allgemeiner.

Die Anwendung des Indigos zum Färben, wie auch die Kultur der Indigo liefernden Pflanzen ist uralt. Man kann wohl sagen, so alt wie das Färben der Gewebe, ist auch die Anwendung dieses Farbstoffes. Wie schon sein Name andeutet, haben wir seine Heimat in Indien zu suchen; einem Lande, das man wohl mit Recht als die Wiege der Färberei bezeichnen kann. Das ganze Altertum hindurch wurde Indigo in der Färberei verwendet, wenn auch seine Bedeutung durch den Purpur weit übertroffen wurde. Die frühesten Spuren über die Färberei mit Indigo kann man in Ägypten nachweisen. Dort hat man Mumien, aus der Zeit 1580 v. Chr. stammend, gefunden, deren Umhüllungen mit Indigo gefärbt waren. Es wird angenommen, daß zu dieser Zeit dort Indigo gepflanzt wurde[1]. Auch die königlichen Kleider des Mardachai, sowie die

[1] Speck, Handelsgeschichte des Altertums, I. Teil, S. 118 u. 119.

Vorhänge in dem Palaste des Königs Ahasveros sollen mit Indigo gefärbt gewesen sein[1]. Zu Dioscorides und Plinius Zeiten wurde Indigo nach Europa gebracht[2], doch fand er keine große Aufnahme in der damaligen Färberei. Dagegen war er als Malerfarbe und Arzneimittel im Altertum sehr geschätzt[3]. In der Färberei soll er damals, außer zur Erzeugung von Blau, in der Purpurfärberei verwendet worden sein. Man hat in der neuesten Zeit festgestellt, daß der antike Purpur häufig ein mit rotem Farbstoff überfärbtes Küpenblau war[4].

Durch die Stürme der Völkerwanderung scheint dann der Indigo jahrhundertelang vom Abendlande verschwunden gewesen zu sein, und es bedurfte erst der neuen Anfachung des Verkehrs mit dem Orient durch die Kreuzzüge, damit auch diese Ware wieder häufiger dem Abendlande zugebracht wurde. Die ersten Urkunden des Mittelalters, welche den Indigo erwähnen, gehören Italien an. So wird er 1140 in der Genueser Wiegetaxe und 1194 in Bologna erwähnt[5]. In Frankreich läßt sich Indigo zuerst 1288 als eine Ware, die beim Zollamt der Stadt Marseille zollpflichtig war,[6] und in England 1274 als Gegenstand einer Rechnung nachweisen[6]. Nach Nübling[7] soll am Ende des 14. Jahrhunderts Indigo nach Brügge und London gekommen sein. In dem Tarif von Como 1381[8] wird Indigo als Ausfuhrartikel über die Alpen erwähnt. In Deutschland selbst haben wir während dieser Zeit Indigo nicht nachweisen können, aber es ist nicht ausgeschlossen, daß durch die Italiener kleinere Mengen zu uns gekommen sind, wenigstens wird berichtet, daß die Färber in Breslau am Ende des 15. Jahrhunderts mit Indigo gefärbt haben[9] sollen. Irgendwelchen Einfluß auf die deutsche Färberei hatten natürlich diese geringen Mengen Indigo nicht. Dazu war Indigo ein viel zu seltener und teurer Artikel; er wurde damals meist von Bagdad bezogen und war dadurch sehr kostspielig. So kostete 1409 in Venedig ein Zentner 32 Dukaten[10]. Als aber durch die Entdeckung des See-

---

[1] Volz, a. a. O. S. 353.
[2] Georg v. Georgievics, a. a. O. S. 1.
[3] Kopp, Geschichte der Chemie, IV. Teil, S. 401.
[4] Georgievics, a. a. O. S. 1.
[5] Schulte, a. a. O. S. 142/143. — Heyd, a. a. O. S. 599.
[6] Ebenda.
[7] Nübling, a. a. O. S. 435.
[8] Schulte, a. a. O. S. 707.
[9] Hildebrand, Jahrbücher f. N. u. Stat. S. 210, Heft VI.
[10] Stieda, Hans. Venet. Handel. S. 98.

weges nach Indien und die Erschließung Amerikas dieser Farbstoff in immer größeren Mengen nach Europa kam, wurde er ein empfindlicher Konkurrent des Waides. Schon 1516 erwähnt der Portugiese Odoardo Borboso den Indigo unter den Waren zu Kalkutta und Corsali unter denen von Kambodscha[1]. 1563 bezog Antwerpen aus Portugal Indigo[2], und wir können wohl annehmen, daß er zu dieser Zeit regelmäßig nach Deutschland gebracht worden ist. Wie schnell der Verbrauch von Indigo zunahm, beweist der Umstand, daß im Jahre 1631 auf 7 holländischen Schiffen 580345 Pfund Indigo aus Batavia im Werte von über 5 Tonnen Goldes nach Europa kamen[3]. 1633 brachten 3 holländische Schiffe für 2046000 Reichstaler[4] nach Europa. Wie schnell sich auch in Deutschland der Indigo einbürgerte, zeigt die Handelsbilanz der von Stotternheimschen Handlung in Erfurt[5] von 1617, wonach diese Firma, die nach den Verordnungen — Indigo war streng verboten — nur mit Waid handeln sollte, im genannten Jahre für 19045 Gulden Indigo einkaufte.

Die Einführung des Indigos in die deutsche Färberei ging nun keineswegs glatt von statten, denn es scheint, daß mit der Einführung des Indigos gleichzeitig die in Indien damals übliche Indigo-Arsen-Küpe angewendet wurde[6], mit der man aber bei uns nicht zu färben verstand. Es wurden viele Klagen laut über die schlecht gefärbten und zerfressenen Tücher, und da durch den Indigo, die schon durch das Aufkommen der Gallen-, Sumach- und Blauholzfärberei schwer geschädigten Waidkulturen, an denen ganz Deutschland ein großes wirtschaftliches Interesse hatte, in Verfall geraten mußten, so wurden eine große Reihe Verordnungen gegen die schlechten, fressenden, beschwerenden Farben erlassen. Die wichtigsten von ihnen wollen wir hier anführen:

1577 Reichspolizeiordnung zu Frankfurt a. M.[7],
1594 Reichsabschied zu Regensburg[8]
1603 Reichsabschied zu Regensburg[9],

---

[1] Volz, a. a. O. S. 354.
[2] Ebenda.
[3] Schreber, Waidbedenken S. 115.
[4] Beckmann, Technologie IV, S. 518 u. f.
[5] Zschiesche, a. a. O. S. 47.
[6] Kielmeyer, a. a. O. S. 65 u. f. — v. Georgievics, a. a. O. S. 47.
[7] Neue Frankfurter Sammlung der Reichsabschiede. Teil IV, S. 391. — Rudolphi, Gotha dipl. III, S. 253.
[8] Ebenda Teil IV, S. 442. — Rudolphi, III, S. 254.
[9] Ebenda Teil IV, S. 512.

1621 Württembergische Landesverordnung, die schlechten Farben[1] betreffend,
1654 Mandat Kaiser Ferdinand III., die schlechten Farben[2] betreffend,
1650 Mandat des Kurfürsten Johann Georgs I., die schlechten Farben[3] betreffend,
1652 bemühte sich Herzog Ernst von Gotha sowohl auf dem Reichstage zu Regensburg, als am Kaiserlichen Hofe zu Wien um günstige Erlasse für den Waidbau[4],
1654 Mandat des Kurfürsten Johann Georg I., die schlechten Farben[5] betreffend,
1661 Verbot der Corrosivfarbe und des Indigos[6],
1664 Verbot der Herzogl. Württ. Regierung, den Indigo[7] betreffend.

In Nürnberg und Ulm mußten die Färber schwören[8], zum Färben nur Waid und nie Indigo zu verwenden. In Nürnberg soll sogar die Todesstrafe[9] auf der Anwendung von Indigo gestanden haben. Auf den großen Messen in Leipzig, Frankfurt a. M., Frankfurt a. O. und Naumburg versuchte man die Tücher, die nicht mit Waid gefärbt waren, zu verbieten[10]. Auch in Frankreich und England[11] hat man Verbote gegen Indigo erlassen.

Die Verdrängung des Waides durch den Indigo wird sehr häufig als selbstverständlich und zeitgemäß hingestellt, ja man wundert sich, weshalb man überhaupt der Einführung des Indigos Schwierigkeiten in den Weg gelegt hat. Selbst ein so genialer Mann wie Berthollet bezeichnet die Verbote gegen den Indigo als ein treffendes Beispiel für Mißbräuche, in die eine wenig aufgeklärte Regierung verfallen könne, wenn sie sich von den Privatinteressen einzelner Personen leiten ließe[12]. Wir können nach unseren bisherigen Ausführungen diese Ansicht durchaus nicht

[1] Volz, a. a. O. S. 355.
[2] Nach dem Original bei Schreber, a. a. O. Beilage 3.
[3] Cod. Aug. I, S. 1521.
[4] Ebenda S. 1547.
[5] Rudolphi, III. S. 254 u. f.
[6] Cod. Aug. I. S. 236.
[7] Volz, a. a. O. S. 355.
[8] v. Resch, a. a. O. S. 7. — Kielmeyer, a. a. O. S. 65.
[9] Nübling, a. a. O. S. 445.
[10] Riska, Waidbedenken in Schrebers Waidbuch.
[11] Berthollet, a. a. O. Einleitung. — Volz, a. a. O. S. 356. — v. Resch, a. a. O. S. 7.
[12] Berthollet, a. a. O. Einleitung.

teilen, müssen die Verbote gegen den Indigo vielmehr als eine damals sehr berechtigte Maßregel der Regierungen betrachten. Zudem richteten sich die erlassenen Verbote nicht allein gegen den Indigo, sondern gegen die schlechten Farben der damaligen Zeit überhaupt, also vor allem auch gegen die Gallen-, Sumach- und Blauholzfärberei. Erst die Kaiserliche Verordnung von 1654 wendet sich besonders scharf gegen den Indigo. Wenn wir von den volkswirtschaftlichen Gründen, welche allein schon diese Gesetze rechtfertigen, absehen, so werden uns diese Maßregeln verständlicher, wenn wir uns in den Gewerbebetrieb der damaligen Zeit zurückversetzen. Die Ausübung des Gewerbes stand im Mittelalter unter den strengen Zunftgesetzen, durch die jeder Handgriff, jedes Material, das benutzt wurde, genau vorgeschrieben war. Der Waid war nun seit Jahrhunderten der wertvollste Farbstoff, und seine Anwendung durch jahrhundertelange Erfahrungen genau bekannt. Die Farben, die mit Waid erzeugt wurden, waren von unverwüstlicher Kraft und deshalb allgemein beliebt. Ein Zeitgenosse schreibt darüber[1]: „Die Waidfarbe hänget der Wolle so fest an, daß sie niemals ausgewaschen werden kann und nimmermehr ausgehet, bis alle Faden abgerissen sind". Niemals hatte man beim Waid Klagen über zerfressene und beschwerte Tücher gehört. Es konnten ja auch bei ihm derartige Klagen nicht laut werden, denn das Waidfärbeverfahren bedingte keine scharfen Beizen oder irgend beschwerende Stoffe. Jetzt nun, beim Aufkommen der Indigofärberei, hörten die Klagen über schlecht gefärbte, beschwerte Tücher, die schon beim Lagern in der Truhe ihre Farbe verloren, Löcher bekamen und zerfielen, nicht auf. Es liegt auf der Hand, daß die Obrigkeit und vor allem die Landesherren gegen die Verwendung solcher Farben einschritten, zumal in der damaligen Zeit, wo die gewerbliche Gesetzgebung eine viel umfassendere war wie heute, wo die Obrigkeit die gewerbliche Tätigkeit bis ins kleinste überwachte und jede Schädigung des Gewerbes oder des Konsumenten zu verhüten suchte. Daher heißt es auch in der Verordnung von 1577[2], „daß durch die neulich erfundene, schädliche und betrügliche fressende oder Corrosivfarbe, so man Teufelsfarbe nennt, jedermann viel Schaden zugefüget wird, indem, daß man zu solcher Farbe anstatt des Waides Vitriol[3] und andere fressende wohlfeile Materie

---

[1] **Riska**, Waidbedenken.

[2] Neue Frankfurter Sammlung der Reichsabschiede. Titel XXI, § 3, S. 391.

[3] Vitriol führt Indigo in Indigosulforsäure, eine wasserlösliche Farbe, über. Wird die Schwefelsäure nach dem Färbebade nicht ausgewaschen oder nur unge-

brauchet, dadurch gleichwohl das Tuch in Schein so schön als mit der Waidfarbe gefärbet und wohlfeiler hingegeben werden kann, aber es wird solch gefärbt Tuch, da man es nicht trägt, sondern in der Truhe oder auf dem Lager liegen läßt, in wenig Jahren verzehret und durchfressen. Derhalben wollen wir solche neue verderbliche Tuchfarbe gänzlich verbotten etc.“. Ähnlich ist der Sinn der ganzen kaiserlichen und landesherrlichen Verordnungen, immer wird über die schädliche, betrügliche, beschwerende, fressende Teufelsfarbe geklagt. Auch in Straßburg, Frankfurt a. M., Hamburg u. a. wurden zu Ende des 16. Jahrhunderts Verordnungen gegen die schlechten Farben erlassen[1]. Es wäre doch großes Unrecht, wollte man den Obrigkeiten der eben genannten Städte, ebenso denen von Ulm und Nürnberg, die doch kein anderer Grund bei Erlaß dieser Verordnungen gegen die schlechten Farben leitete, als das Wohl und Ansehen ihrer Gewerbetreibenden zu wahren, vorwerfen, daß sie durch die Waidinteressenten sich zu diesen Verboten hätten verleiten lassen. Die Farben sind die Seele der Tuche, schlecht gefärbte Tuche mußten ihren Absatz erschweren und das Ansehen der Städte schädigen. So beschwerten sich im 16. Jahrhundert die Tuchhändler in Böhmen, Polen und Ungarn, daß die Görlitzer Tuche, die sich bis dahin großer Beliebtheit erfreuten, jetzt „von böser Farbe wären“, und die Görlitzer Tücher sanken ganz erheblich im Preise. In Polen wurde ihre Einfuhr sogar eine Zeitlang gänzlich verboten[2]. Die schlechte Farbe dieser Tücher ist sicherlich auf die Anwendung von Indigo zurückzuführen, da man ja um diese Zeit in Deutschland damit zu färben begann, und die Görlitzer, seit ihnen der Waidstapel genommen war, den Waid nur ungern verwendeten.

Da sich die Färber trotz aller Verbote immer mehr dem Indigo zuwandten, so wurde die Lage der Waidkulturen, die sich zu dieser Zeit schon im Zustande des Verfalls befanden, immer schlechter, und ihr Untergang war vorauszusehen.

---

nügend, so konzentriert sie sich beim Trocknen und wirkt zerfressend auf die Tuche. Setzte man den Indigo der Waidküpe zu, was man später auch tat, oder behandelte man die Tuche nach dem Indigosulforsäure-Verfahren in der richtigen Weise, so konnten die Tuche nicht zerfressen werden.

[1] Schmoller, a. a. O. S. 223 und 224. — Ehrenberg, a. a. O. 292 u. f.

[2] Knothe, a. a. O. S. 287.

Ein Tuch mit Waid gefärbet könne man 7, 8, auch 10 Jahre tragen und es wäre immer noch gut; hingegen ein Tuch mit Indig, Schmack oder Gallen halte nicht 1 Jahr, es verliert die Farbe und färbt ab, und die Haare des Tuches fallen aus. (Laurentius Riska, Waidbedenken S. 104.)

An dem Untergange der Waidkulturen haben alle Interessenten schuld, vom Bauer bis hinauf zum Landesherrn[1]. Dazu kam der mittelalterliche Zunftgeist, der jeden Fortschritt hemmte und jede Neuerung als einen Eingriff in seine Rechte ansah, und somit alle Reformen, die sich mit der Wiederbelebung des Waidbaues beschäftigten, nicht recht zur Anwendung kommen ließ. Der wirtschaftliche Niedergang Deutschlands im 16. Jahrhundert und die fortwährende Einführung fremder Farbstoffe zu dieser Zeit vermehrte die Krisis der Waidkulturen bis zur Katastrophe, und der 30jährige Krieg gab ihnen vollends den Todesstoß. Schon zu Luthers Zeiten muß der Waidbau im Rückgange begriffen gewesen sein, denn er sagt an einer Stelle in dem Kommentar über das 1. Buch Moses Kap. 47[2]: „Wo Gott ein Land straft, da nimmt er nicht allein die Menschen weg, sondern auch den Saft von der Erden. Gleichwie zu unseren Zeiten Welschland und auch dem Thüringer Lande, welches in ganz Deutschland das fruchtbarste Land gewesen, an der Fruchtbarkeit auch etwas abgehet, denn sie sagen, das Einkommen von sieben Jahren soll jetzt kaum so viel bringen, als vor dieser Zeit drei Jahre eingebracht haben. Dies geschieht um der Bosheit willen der Menschen, fürnehmlich aber um des Wuchers und Geizes willen, welches niemand steuern kann, denn derselbe verführerische Geiz naget alles, was er will und mergelt diese Lande jämmerlich aus." An einer anderen Stelle sagt er[2]: „Die Thaler vom Waid tun den Bauern zu wohl, Gott wird sie ihnen nehmen." Luther hat hier das Richtige getroffen, denn am Untergange des Waidbaues hatten die Bauern große Schuld. Dieselben Gründe, die heute die Rentabilität des Rübenbaues erschweren, erschwerten schon damals den Waidbau, und die Rübeninteressenten können daraus nur gute Lehre ziehen. Durch die jahrhundertelangen Einnahmen aus den Waidfeldern waren die Ansprüche und Bedürfnisse der bäuerlichen Bevölkerung ganz unnatürlich gewachsen, was sicher Luther zu obigem Ausspruch veranlaßt hat. Durch die hohe Verzinsung der Waidäcker zur Zeit der Blüte war der Bodenpreis zu einer ganz unnatürlichen Höhe gestiegen. Die Güter wurden so belastet, daß selbst noch zur Blütezeit der Waidkulturen der ganze Verdienst in den hohen Abgaben versank. War also schon unter den günstigen Verhältnissen kein Gewinn mehr zu erzielen, so mußte bei der geringsten Störung der bisherigen

[1] In erster Linie sind hier die vielfachen direkten und indirekten Abgaben, denen der Waid ausgesetzt war, zu erwähnen. (Vergleiche unsere Ausführungen in dem vorhergehenden Kapitel.)

[2] Schreber, a. a. O. S. 134.

Zustände eine Krisis eintreten, und diese Krisis trat in der Mitte des 16. Jahrhunderts ein.

Im Laufe des 16. Jahrhunderts vollzogen sich im europäischen Handelssystem die schwersten Umwälzungen. Sie bestanden im wesentlichen darin, daß an Stelle der bisherigen internationalen Landwege so viel wie nur möglich Seewege traten. So trat an Stelle des Mittelmeers und der alten Landwege, immer mehr der freie Ozean als allgemeines Verkehrsbecken, und damit verschob sich der Anteil, den die einzelnen europäischen Länder an den Wohltaten des Welthandels hatten. Am fühlbarsten zeigte sich dieser Umschwung für das binnenländische Herzstück Europas, das deutsche Reich, bisher eine der Hauptschlagadern des mittelalterlichen Handels. Während in Portugal, Spanien, den Niederlanden, England und Frankreich infolge der günstigen ozeanischen Lage das Zeitalter glänzendsten Reichtums anzubrechen begann, versiegten in Deutschland, mit Ausnahme von Holland, alle Reichtumsquellen, die dereinst seit dem 12. Jahrhundert durch die Einbeziehung in den Welthandel erschlossen worden waren. Man war in Deutschland wohl bemüht, den neuen Verhältnissen Rechnung zu tragen. Vor allen waren es oberdeutsche Handelshäuser, die direkte Verbindungen mit Spanien, Portugal und dessen Kolonien hatten. Besaßen doch die Welser ca. 50 Jahre Venezuela, Fuggersche Faktore traf man in Yukatan, Ulrich Schmiedel fuhr mit deutschen Schiffen nach dem La Plata, Hans Staden nach Brasilien. Auch in St. Domingo und Kuba traf man deutsche Kaufleute. Der indische Gewürzhandel war von 1576—1578 fast ganz in den Händen der Deutschen. Aber zu Ende des 16. Jahrhunderts brechen diese Beziehungen ganz ab. Auch die alten hansischen Handelsgebiete der Nord- und Ostsee, sowie die von Polen und Rußland, gingen immer mehr verloren. Die Vertreibung der Hanseaten aus dem Londoner Stahlhof, 1598, bildete den Schlußstein auf das Grab der einst so ruhmreichen hanseatischen Beziehungen zu England. Wohl konnten die deutschen Städte noch ein Menschenalter von dem ererbten Reichtum zehren, aber dann traten alle Folgen ihres Abschlusses von den Welthandelslinien erschreckend zu Tage. Bald ertönten die Klagen über Verarmung in den Städten und über Verfall der Kaufmannschaft[1]. Gerade für die deutschen Farbstoffkulturen, den Waid, waren diese veränderten Verhältnisse doppelt ungünstig, denn für das Gedeihen der Färbereien ist ein allgemein gesunder Volkswohlstand Bedingung. Der Verbrauch an Textilstoffen im Inlande ließ

[1] Lamprecht, a. a. O. Bd. V, S. 476 u. f.

nach, der Export deutscher Tuche hörte nicht nur auf, vielmehr begannen ausländische, gefärbte Tuche den Markt zu überschwemmen.

Aber auch ohne den Niedergang der Textilindustrie wurde im Inlande immer weniger Waid zum Färben verbraucht, da man jetzt mit einem Fasse Waid viel mehr Tuche färbte wie früher. So wurden im 14. Jahrhundert mit einem Fasse Waid 2 Tuche[1], im 15. Jahrhundert 3 Tuche[2], zu Anfang des 16. Jahrhunderts 6—8 Tuche[2] und in der Mitte des 16. Jahrhunderts bereits 12 Tuche[2] gefärbt. Der Verbrauch an Waid wurde dadurch bedeutend geringer. Dazu kam noch, daß England zu dieser Zeit seinen Waid selbst zu bauen begann und der Export deutschen Waides dorthin bedeutend zurückging. Vor allem aber wurden durch das Aufkommen der Gallen-, Sumach- und Blauholzfärberei die großen Mengen Waid, die bis dahin zum Schwarzfärben gebraucht wurden, entbehrlich. Daß aus den hier angeführten Gründen auch ohne die Einfuhr des Indigos die Waidkulturen ganz bedeutend zurückgehen mußten, können wir wohl behaupten. Den Waidbau einzuschränken, war für die Bauern mit großem Nachteil verbunden. Wie sollten sie anders als mit den Einnahmen aus den Waidfeldern die hohen Abgaben bezahlen, die auf ihren Gütern lasteten? Es gab schließlich ein großes Angebot von Waid und wenig Nachfrage nach ihm. Die Folge war, daß er immer mehr im Preise sank; von 5—6 Groschen, ja in besonders guten Jahren von 10—12 Groschen, sank er auf 2—3 Groschen herab. Die Bauern hatten bei Erwerb ihrer Güter einen Preis von 5—6 Groschen zu Grunde gelegt, jetzt erhielten sie nur noch die Hälfte. Wie sollten sie da auskommen, wie ihre Abgaben bezahlen? Der Adel, der zur Bestreitung seiner Ausgaben in der Hauptsache auf die Abgabe seiner Höfe angewiesen war, war nicht geneigt, den Zins zu erniedrigen, vielmehr ließen ihn seine steigenden Bedürfnisse auf Steigerung seiner Einnahmen bedacht sein. Wie wir bei der Besteuerung des Waides ausführten, mußten die Dörfer, die Waidbau trieben, außer den sonstigen Abgaben, ein bestimmtes Waidgeld an den Grundherren entrichten. Kein Wunder, wenn da die Bauern in die größte Verschuldung und Abhängigkeit gerieten. Sie borgten sich oft Geld auf die Ernte, die erst erwartet wurde, sie verkauften Waid, ehe er gesäet war, trotz aller Verbote. Bei solchen ungesunden Verhältnissen mußte natürlich die Güte des Waides sehr leiden. Es wurde auf Säubern der Felder gar keine Rücksicht mehr genommen, im Gegenteil, man ließ das

[1] Codex Diplomaticus Silesiae VIII, 16.

[2] Knothe, a. a. O. S. 279.

Unkraut wuchern und mengte absichtlich Kletten, Disteln, ja sogar ganze Pflanzen mit Wurzeln und Stiel zwischen die Waidblätter[1]. Dadurch daß alle diese Verunreinigungen mit den Waidblättern durch die Waidmühlen zerquetscht und dann zu Bällen geknetet wurden, war es ja schwer, alle diese Verfälschungen nachzuweisen. Durch solche unredlichen Mittel erhielt der Bauer zwar momentan etwas mehr Geld, aber seine Zukunft wurde immer bedenklicher, denn die Färber konnten doch mit solchem Waid nicht viel anfangen, und er kam schließlich in Mißkredit[2], wogegen die Unentbehrlichkeit des Indigos immer mehr befestigt wurde.

Aber auch ohne diese schädlichen Manipulationen mag der Waid qualitativ und quantitativ zurückgegangen sein. Es ist eine bekannte Tatsache, daß Gewächse, immer auf demselben Acker angebaut, degenerieren. Wir können dies heute bei den Zuckerrüben genau beobachten. In den Gegenden von Magdeburg, Anhalt, Braunschweig, wo seit ca. 60 Jahren Rüben gebaut werden, macht sich jetzt eine sog. Rübenmüdigkeit des Bodens bemerkbar. Der Anbau des Waides fand aber mehrere Jahrhunderte lang statt, und es ist mit Sicherheit anzunehmen, daß schließlich der Acker gänzlich waidmüde wurde. Die Tatsache, daß auf Wiesen[3], die man umgepflügt und in Acker verwandelt hatte, der Waid besonders gut gedieh, beweist wohl zur Genüge, daß den alten Waidfeldern die nötigen Nahrungsmittel entzogen waren. Durch das 3—4malige Ernten der Waidblätter, die nach der Zubereitung nach allen Gegenden verschickt wurden, entzog man dem Boden eine Menge Stoffe, die die Pflanzen zum Aufbau brauchten. Wenn man die Felder auch gut mit Stallmist düngte, so fehlte es doch an den nötigen anorganischen Stoffen. Es ist nach dem heutigen Stand der Wissenschaft ganz selbstverständlich, daß der Waid nicht mehr recht gedeihen konnte. Heute hat man Mittel und Wege, diese Ursachen zu beseitigen, aber in der damaligen Zeit wußte man keinen Rat. Erst im 19. Jahrhundert hat Justus von Liebig auf die Wichtigkeit der anorganischen Düngung hingewiesen, und die blühende Kali-Industrie ist ein Beweis für die Richtigkeit seiner Lehre.

War also somit schon die Lage der Waidkulturen eine sehr kritische, so mußte durch Einführung des Indigos die Verwirrung

---

[1] Schreber, a. a. O. S. 54, 129. Auch Nußschalen mengte man häufig unter den Waid, Schreber, a. a. O. S. 91. — Über die schwierige Lage der Bauern in jener Zeit überhaupt vergl. Lamprecht, Deutsche Geschichte Bd V, II. Aufl., S. 86 u. f.

[2] Schreber, a. a. O. S. 54, 129 ff.

[3] Schreber, a. a. O. S. 51.

noch viel größer werden; daß man schließlich zum Schutze der bedrängten Waidkulturen Gesetze erließ, war doch sehr naheliegend und sehr richtig. Leider hat man die Verbote wenig oder gar nicht beachtet, zumal es ja an einer einheitlichen Reichszollgesetzgebung fehlte. In Hamburg wurde 1610 den Färbern erlaubt, Indigo zu benutzen[1]; auch Schlesien bezog um diese Zeit große Mengen Indigo[2]. Selbst in Kursachsen, dem Hauptplatze der Waidkulturen, verkaufte man ungestört Indigo. So hatten zu Anfang des 17. Jahrhunderts in Leipzig mehr denn 20 Materialisten Indigo verkauft und die Stotternheimsche Handelsbilanz zeigt, daß selbst die Waidhändler in Erfurt mit Indigo Handel trieben. Unter diesen Umständen mußten die Aussichten für eine Restaurierung der Waidkulturen immer schwieriger werden. Als dann noch der unheilvolle dreißigjährige Krieg ausbrach, war der Untergang des Waidbaues besiegelt.

Es ist gar keine Frage, daß das platte Land durch diesen Krieg mittelbar wie unmittelbar viel mehr gelitten hat, als die Städte. Wohin die wilden Kriegshorden gelangten, da war der Bauer verloren. Er war schutzlos der Wut und der zügellosen Sinnlichkeit der Soldateska preisgegeben. Nicht nur, daß sein Inventar, lebendes und totes, ihm genommen wurde, man verödete die Saatfelder, zündete die Höfe an, notzüchtigte die Frauen, mordete die Kinder und preßte die Männer zur Soldateska oder anderen Diensten, wenn sie nicht vorher, was sehr häufig geschah, unter den scheußlichsten Methoden zu Tode gemartert wurden. Was die Kriegsbanden dann noch übrig gelassen hatten, das fiel verheerenden Krankheiten, Pest, Ruhr, Blattern etc., zum Opfer. Zu diesen verheerenden Krankheiten kamen noch epidemische Hungersnöte und Menschenfresserei war gar nicht so selten[3]. Von den Dörfern blieben häufig nur noch Ruinen, von denen sich vielleicht die geschwärzten Kirchmauern längere Zeit erhielten; im übrigen fluteten die Bäche aus und bedeckten Äcker, Dorfstraßen und Hofstellen mit Moor und Sumpf. Nicht minder wuchs der Wald wiederum wild empor, wie einst zur Urzeit. Die bäuerliche Bevölkerung, die sich während des Krieges in die festen Orte

[1] Ehrenberg, a. a. O. S. 293.

[2] Riska, Waidbedenken.

Man setzte den Indigo zunächst in kleinen Mengen der Waidküpe bei und vergrößerte dann diesen kleinen Teil im Laufe der Jahre immer mehr, bis man zu Beginn des 19. Jahrhunderts den Waid gänzlich wegließ.

[3] Lamprecht, a. a. O. VI, S. 345.

geflüchtet hatte, war ihrem Berufe und ihrer Heimat entzogen, war verschollen oder trieb sich vagabundierend und arbeitsscheu im Lande herum. Es war schwer nach dem Frieden eine zahlreiche und ruhige Bevölkerung des platten Landes zu erlangen, noch schwieriger aber war es, sie zu erhalten[1]. Fast niemand besaß Kapital genug, am allerwenigsten diejenigen, welche in Betracht kamen, Bauer zu werden. Langsam nur konnten die zerstörten Höfe aufgebaut, konnte Inventar zur Bebauung der Felder angeschafft werden. Die Besteuerung und Bedrückung der Bauern nahm aber trotzdem immer noch zu. Treffend schildert ein Gedicht aus damaliger Zeit die elende Lage der Bauern:

Du alberner armer Tropf, Du bist ja wohl betrogen;
Hat der Soldat Dich nicht gänzlich ausgesogen,
Der Schlösser Amtmann kommt, der Schreiber und Fiskal,
Die nehmen Haupt und Haar und bringen neue Qual.

Ist es zu verwundern, wenn unter diesen Umständen der Bauer nicht vorwärts kam, und konnte man da eine Restaurierung der Waidkulturen erwarten? Gewiß nicht, denn gerade der Waidbau konnte sich ohne individuelle und sehr sorgsame Pflege nicht gedeihlich entwickeln. Nur eine hochentwickelte Landwirtschaft konnte den Kampf mit dem Indigo aufnehmen, aber an diese war noch Jahrzehnte nach dem westfälischen Frieden nicht zu denken.

Ganz anders lagen die Verhältnisse beim Indigo. Ursprünglich kam aller Indigo aus Ostindien, von wo er zuerst durch die Spanier und Portugiesen, später durch die Holländer und Engländer nach Europo gebracht wurde. Allein schon die Spanier führten Indigokulturen in ihren amerikanischen Kolonien ein[2]. Es ist möglich, daß sie zu diesem Zwecke indische Indigopflanzen nach Amerika brachten, aber andererseits ist auch zu beachten, daß die Spanier bei der Entdeckung dieses Erdteils Indigopflanzen vorfanden. Der Gebrauch des Indigos zum Färben war schon den alten Azteken bekannt, und bereits Lopez de Gomora, ein Begleiter des Kolumbus, hat über diesen Farbstoff berichtet[3]. Die Indigokulturen der Spanier in Amerika müssen sich sehr schnell entwickelt haben, denn bereits 1694[4] wurde auf Martinique, Guadeloupe, Barbados und anderen Inseln der Antillen, viel Indigo kultiviert. So führte St. Domingo 1710 bereits für 10—14 Millionen

[1] Lamprecht 6. Bd., S. 340 u. f. — Langenthal Bd. II, S. 36 u. f.
[2] Volz, a. a. O. S. 358.
[3] Volz, a. a. O. S. 357. — v. Scherzer, a. a. O. S. 259.
[4] Hellot, a. a. O. S. 452.

Indigo aus[1]. Die Weiterentwicklung der Indigokulturen in Amerika ist jedoch ein Verdienst der Engländer, welche hauptsächlich in Süd-Karolina diese Farbpflanze anbauten[2]. Europa bezog seit Ende des 17. Jahrhunderts bis Ende des 18. Jahrhunderts fast seinen gesamten Bedarf aus Amerika. So führte 1773 Süd-Karolina allein über 1 Million Pfund Indigo aus[3]. Die indische Produktion, obgleich bedeutend älter, war zu jener Zeit noch sehr gering; auch hier gebührt den Engländern, die sich 1783[4] der indischen Produktion annahmen, das Verdienst, die Indigo-Produktion auf ihr heutiges Niveau gehoben zu haben. In allen diesen Kolonien standen den Plantagenbesitzern eine große Menge jungfräulichen Bodens fast unentgeltlich zur Verfügung. Im Gegensatz zu den in Deutschland herrschenden kleinbäuerlichen Gütern hatte man dort kapitalistische Plantagenbetriebe. Als Arbeiter dienten in diesen Indigo-Plantagen schwarze Sklaven, deren Löhnung natürlich in gar keinem Verhältnis zu der, der Waidarbeiter in Deutschland stand. Auch von allen hinderlichen Einschränkungen und den hohen Besteuerungen des Waides war der Indigo frei. Vielmehr wurden zur Förderung seiner Plantagen in manchen Kolonien Ausfuhrprämien gewährt[5]. Die Produktionskosten stellten sich demnach niedriger als für Waid, und diesen Unterschied durch einen äquivalenten Zoll auszugleichen, wäre nur gerecht gewesen. Aber die deutsche Zollpolitik, die schon vor dem 30jährigen Kriege keine einheitliche war, nahm nach dem Friedenschlusse überhaupt nur noch Rücksicht auf lokale Interessen[6]. So nahmen denn nur die einzelnen Landesfürsten die Restaurierung der Waidkulturen in die Hand. Kurfürst Friedrich Wilhelm von Brandenburg suchte den Waidbau in seinen Ländern zu fördern. Die Kurfürsten von

[1] Beckmann, Technologie IV, 524.
[2] Volz, a. a. O. S. 358.
[3] Georgievics, a. a. O. S. 21. — Bancroft, a. a. O. S. 251 u. f.
[4] Georgievics, a. a. O. S. 21.
[5] Beckmann, Technologie IV, S. 524.
[6] Oncken, a. a. O. S. 223 und 224.
Das vom deutschen Reichstage 1522/23 in Behandlung genommene Reichszollprojekt, das einen gleichmäßigen Ein- und Ausfuhrzoll in Aussicht nahm, scheiterte leider an dem Widerstande Karls V., hinter dem sich die Handelsgesellschaften der deutschen Städte gesteckt hatten. Der 30jährige Krieg machte dann alle wohlgemeinten Reformen nach wirtschaftlicher Einheit gänzlich zunichte, und das deutsche Wirtschaftsleben blieb in unzählige kleine Territorialsphären gespalten, die sich mehr oder weniger voneinander abschlossen und eine oft entgegengesetzte Wirtschaftspolitik verfolgten.

Sachsen bemühten sich für Thüringen[1]. Auch in den Lüneburger Landen wurden eifrige Versuche zur Förderung der Waidkulturen gemacht[2]. Friedrich Wilhelm I. von Preussen gab direkten Befehl, den Waid in den Gegenden von Halle und Magdeburg anzubauen[3]. Auch um Straßburg, Neubrandenburg, Soldin wurde dieser Farbstoff gebaut[4]. In Schlesien[5] mußten sich die Pächter der städtischen Kämmereigüter in den Pachtkontrakten verbindlich machen, anf ein kleines Gut jährlich 3, auf ein großes jährlich 6 Scheffel Waid auszusäen und zur Zeit der Ernte gut zu präparieren. Alle diese Maßregeln zur Hebung des Waidbaues sind wohl sehr auf den Einfluß der Merkantilisten zurückzuführen. Man braucht nur Einblick zu entnehmen in die Literatur der Merkantilisten, und man wird sich über die Verordnungen nicht wundern. Schon Veit Ludwigs von Seckendorfs[6] „Fürstenstaat" wird beherrscht durch die Idee: „auf der Menge wohlgenährter Leute besteht der größte Schatz des Landes". Ähnliche Grundsätze kehren bei allen Merkantilisten wieder[7]. Um ein Land volkreich

---

[1] Schreber, a. a. O. S. 20.

[2] Bergius, a. a. O. S. 309.

[3] Schreber, a. a. O. S. 21.

[4] Bernhard Ludwig Beckmann, Historische Beschreibung der Chur und Mark Brandenburg, Berlin 1751, I. Teil, S. 678.

[5] Bergius, a. a. O. S. 309 u. f.

[6] Conrad, Grundriß zum Studium der politischen Ökonomie, S. 307 u. f. — Oncken, a. a. O. S. 228 u. f. — Veit, Ludwig von Seckendorfs „Teutscher Fürstenstaat".

Umfassend waren die Maßregeln, die inländische Produktion, besonders die Industrie, zu heben, teils durch Exportprämien und materielle Unterstützung der Gewerbetreibenden oder durch Privilegierung einzelner Unternehmer. Einige besonders charakteristische Maßregeln der merkantilistischen Staatspraxis mögen hier angeführt sein. Der Anbau der Kartoffel wurde den litauischen Bauern einfach befohlen und körperliche Züchtigung über den verhängt, welcher dem Gebote nicht sofort folgte. Um die Schafzucht in Ostpreußen einzuführen, wurde vielfach Gewalt angewendet. Ein süddeutscher Fürst befahl einfach, als durch das Salzmonopol nicht genug vereinnahmt wurde, daß jeder Untertan mehr Salz kaufen mußte, als er gebrauchte. Friedrich II. gab seinen Untertanen die Weisung, lieber Warmbier statt Kaffee zu trinken, um das Geld für den Kaffee im Lande zu behalten. Bekannt sind auch seine Bestrebungen die Seidenzucht und Seidenweberei zu forcieren, um auch hier vom Auslande unabhängig zu sein. Um die Wollenweberei zu fördern, verordnete Karl I. von England, die Leichen nur mit Wolle bekleidet zu begraben. Den bezeichnendsten Beleg für das Bestreben, das einzelne Land möglichst abzugrenzen und auf Kosten des Auslandes zu heben, bietet die Cromwellsche Navigationsakte. Vergl. Conrad, a. a. O. S. 307 u. f.

[7] W. Freiherr von Schröder: Fürstliche Schatz- und Rentkammer, Leipzig 1713. — Joh. Joachim Becker: Politischer Diskurs von den eigentlichen Ursachen des Aufblühens und Abnehmens der Länder, Städte etc.

zu machen, ist es nötig, demselben gute Verdienste und Nahrung zu verschaffen. Man solle daher möglichst alle Waren im Lande selbst produzieren[1]. Als eine Hauptmaxime müsse es gelten, daß es besser wäre, für eine Ware, die im Lande produziert werde, 2 Taler zu geben, als nur 1 Taler für eine aus fremden Landen. Deshalb sei es nötig, die Einfuhr fremder Waren sofort gänzlich zu verbieten, und nicht erst zu warten, bis man eine inländische Industrie herangezogen habe. Bezeichnend für die Stimmung ist folgendes Zitat aus Bechers: „Närrische Weisheit", Kapitel 30. „Man ist heutigen Tages sehr hoch in der Färberei kommen. Küffler hat die Scharlachfarbe erfunden aus Cotscheniglie, mir ist eine Art Cotscheniglie gewiesen worden, so aus der Uckraine stammt. Die Färber-Röthe ist auch zu unserer Zeit erst in Gang kommen, hingegen, weil wir unsere Manufakturen nicht achten, noch unser Vaterland ins Auffzunehmen zu bringen gedenken, sondern vielmehr, die solches thun wollen, daran verhindern, so gehen unsere Manufakturen auch mehr hinter sich, als vor sich, so geben wir das Gold an die Holländer vor die Lumpen Farbe, dem Indigo, und lassen hingegen den Waydbau in Thüringen zu Grunde gehen[2]." Wilhelm Freiherr von Schröder erklärt[3]: „Alle Arten von Färbezeug hat Deutschland überflüssig, als erlen und eichen, benebenst dem vitriol zum schwartz-färben, den kostbaren und herrlichen Waid zur blauen farb, allerley gilbkräuter, die röthe und crapp zu rothen farb ...... Den Indigo sollten wir dahero längst verbannet haben, denn es ein unkraut in der färberey ist; wie wohl wir da wir solchen nötig hätten, derselbe leicht nachzumachen wäre".

Aber trotz aller Versuche zur Hebung der Waidkulturen wollten dieselben nicht recht gedeihen, und der Indigo gewann immer mehr Boden. Eine sehr pessimistische Stimmung bemächtigte sich selbst der eifrigsten Förderer des Waidbaues. So sieht Schreber den Untergang des Waidbaues als eine gerechte Strafe Gottes an und sagt[4]: „Gott in seiner großen Barmherzigkeit und Menschenliebe wolle durch den momentanen Niedergang des Waidbaues die Menschen darauf zurückbringen, daß sie wieder an Gott denken und sie wieder zur wahren Glückseligkeit führen". Selbst ein Minister sagt[5]: „Die diensamsten Anordnungen haben dieses

[1] Oncken, a. a. O. S. 228 u. f. — F. W. von Hornigk: Österreich über alles, Wann es nur will . . . .

[2] Schreber, a. a. O. S. 141.

[3] Schröder, a. a. O. 298 u. f.

[4] Schreber, a. a. O. S. 134.

[5] Ebenda S. 135.

Kleinod des Thüringer Landes nicht mentinieren können. Wenn Gott aus heiligen Ursachen einem Lande den ihm verliehenen besonderen Segen entziehen will, so muß sich alles dazu schicken.“ Es sind dies recht eigentümliche Ansichten, denn wenn sich auch das Leben der Thüringer Bauern und Waidhändler nicht so ganz nach den Wünschen dieser frommen Leute abspielte, so waren ihre sündigen Handlungen sicher nicht schlechter, als die der Indigo-Plantagenbesitzer. Gerade die Indigoplantagen sind es gewesen, welche der Wiedereinführung der Sklaverei sehr viel Vorschub geleistet haben, und die Greuel- und Schandtaten, die die üppigen, reichen Indigopflanzer an diesen unglücklichen, geknechteten Menschen verübten, werden wohl für immer einen dunklen Punkt in der Kulturgeschichte des 18. Jahrhunderts bilden. Der Waidbau konnte wohl von Leuten, die derartige Ansichten hatten, nicht sehr gefördert werden. Nur eine durchgreifende Veränderung des Waidbaues und vor allem der Bereitungsweise konnte den Waidkulturen helfen. Aber die Unkenntnis über den wahren Ursprung des Indigos war haarsträubend. Noch im 18. Jahrhundert hielt man den Indigo für ein Produkt des Mineralreiches[1] und erlaubte den Bergwerken im Fürstentum Halberstadt auf dies Produkt zu bauen. Erst ziemlich spät kam man auf die einzige vernünftige Idee, die alte Bereitungsweise des Waides aufzugeben und die Methode der Bereitung des Indigos in den Kolonie nnachzuahmen[2]. Friedrich der

---

[1] v. Resch. Der Waid-Indig. S. 5.

[2] v. Resch, a. a. O. S. 9/32.

Der Indigo wurde in den Kolonien aus Indigoferaarten, hauptsächlich Indigofera anil, I. disperma, I. argentea, I. tinctoria etc. gewonnen. Der Farbstoff war auch bei den Indigopflanzen vorzugsweise in den Blättern enthalten, doch wurde zur Zeit der Ernte die ganze Indigopflanze am Boden abgeschnitten. Je nach dem Klima hatte man jährlich 2—3 Schnitte. Die geernteten Indigo-Pflanzen wurden dann teils in frischem, teils in getrocknetem Zustande in sogenannte Einweichkufen gebracht und durch eingeklemmte Balken unter Wasser gehalten. In diesen Einweichkufen ließ man die Pflanzen eine bestimmte Zeit gären, wodurch der Farbstoff derselben im Wasser in Lösung ging. Nach vollendeter Gärung leitete man die Flüssigkeit, welche jetzt den ganzen, in den Pflanzen gewesenen Indigo als Indig-weiß enthielt, in tiefer stehende Schlagkufen. In diesen Schlagkufen ließ man die Flüssigkeit von Negern mit Bambusstöcken schlagen, oder 10—12 nackte Männer stiegen in die Grube und bearbeiteten die Flüssigkeit mit Schaufeln. Durch diese Operation wurde das Indig-weiß zu Indig-blau oxydiert. Nun ließ man die Flüssigkeit ruhen, bis sich aller Indigo abgesetzt hatte, entfernte durch Ableiten das überstehende Wasser und brachte den auf der Schlagkufe zurückbleibenden Indigosatz zum Abtropfen. Besonders gute Indigo-Sorten wurden noch mehrmals mit Wasser ausgewaschen und getrocknet. Ein ganz abweichendes Verfahren von der alten Waidbereitung, bei

Große und Josef von Österreich setzten für die Herstellung des Indigos aus Waid hohe Preise aus[1]. Die Königliche Sozietät der Wissenschaften zu Göttingen machte um die Mitte des 18. Jahrhunderts die Waidveredelung zum Gegenstand einer Preisfrage[2]. Franz I. bewilligte dem Dr. Heinrich in Plön in Böhmen für dieselben Versuche 5000 Gulden[3]. Professor Green in Halle a. S. bereitete sehr wohlfeil aus Waid Indigo[4], von Resch stellte durch eingehende Versuche fest, daß man in der Tat aus Waid Indigo zu einem wohlfeileren Preise bei ebenso guter Qualität herstellen könne. Nach den Angaben von Resch[5] betrugen die Herstellungskosten des Indigos aus Waid pro Pfund 1 Reichstaler 6 Groschen. Der Preis des ausländischen Indigos war zu dieser Zeit 5 Reichstaler. Selbst in ungünstigen Jahren wäre also die Möglichkeit gegeben gewesen, den Indigo aus Waid preiswert darzustellen, und die ungeheuren Summen, welche jährlich für den Indigo nach dem Auslande flossen, Deutschland zu erhalten. Die Darstellung des Indigos aus Waid geschah ähnlich wie in den Kolonien aus den Indigopflanzen[6]. Kein Geringerer als Napoleon I. war es dann später, der den Anbau des Waides und die Gewinnung von Indigo aus demselben wieder in die Hand nahm. Die Kontinentalsperre gab die Veranlassung dazu. Durch das Dekret vom 25. März 1811[7] befahl Napoleon den Anbau von Waid in ganz Frankreich, was auch für Deutschland bis zur Elbe masgebend war. Auf einen ihm erstatteten günstigen Bericht über die Fortschritte der Kultur des Waides und des daraus fabrizierten Indigos, wurde dann vom 1. Januar 1813 an der Indigo aus beiden Indien in Frankreich verboten und als Ware englischer Fabrikation angesehen. Gleichzeitig setzte Napoleon einen Preis von einer halben Million Franken aus für denjenigen, welcher den In-

dem sich aber doch die gleichen chemischen Vorgänge abspielten. Bei beiden Verfahren handelt es sich darum, den sowohl in der Waidpflanze als auch in den Indigoferaarten noch nicht fertig gebildeten Farbstoff durch Gärung und Oxydation zu erzeugen.

[1] Bancroft, a. a. O. S. 346—347.

[2] Poppe, a. a. O. S. 381.

[3] Bancroft, a. a. O. S. 346.

[4] Bancroft, a. a. O. S. 346 u. f.

[5] v. Resch, a. a. O. S. 62 u. f.

[6] Ebenda S. 51 u. f.

[7] Bancroft, a. a. O. S. 345—46. Auch hat man Versuche gemacht, die Indigopflanzen selbst in Deutschland anzubauen, so in der Pfalz und bei Bremen. — Poppe III, S. 375. Zu Wolkenstein hatte man sogar eine Fabrik angelegt, um aus Heidelbeeren Indigo zu bereiten. — Poppe III, S. 376.

digo am vorteilhaftesten aus der Waidpflanze darstellen würde. Der baldige Sturz Napoleons und die hierdurch bedingte wirtschaftliche und politische Veränderung, vereitelten diesen letzten großen Versuch zur Wiederherstellung des Waidbaues. In den zwanziger Jahren des 19. Jahrhunderts war dieser alte Farbstoff so gut wie verschwunden.

Est ist sehr zu bedauern, daß es nicht gelungen ist, die alten Waidkulturen zu erhalten und den Kolonialindigo durch den Waidindigo zu ersetzen. Der Untergang der Waidkulturen ist ein großer Verlust für die deutsche Volkswirtschaft gewesen, der erst in unseren Tagen seit Darstellung des synthetischen Indigos, wieder ersetzt worden ist. Ich bin mir wohl bewußt, daß ich mit diesen Ausführungen auf Widerspruch stoßen werde, da man den Kolonialindigo gern als den König der Farbstoffe bezeichnet, und lediglich seiner Ächtheit und Schönheit, glaubt man, verdanke er seinen Sieg über den Waid. Es wäre unmöglich, meint man, einen Farbstoff aus tropischen Pfanzen so preiswert aus heimischen Gewächsen herzustellen, und doch lehrt die Erfahrung, das dies möglich ist. Fast zu derselben Zeit, als Napoleon die Kultur des Waides zur Gewinnung von Indigo anordnete, hat er eine Verordnung über den Anbau von Rüben zur Gewinnung von Zucker erlassen. Auch hier beim Zucker waren die Verhältnisse ganz ähnlich wie beim Indigo; es handelte sich um die Verdrängung eines uralten tropischen Produktes, des Rohrzuckers, durch den Rübenzucker. Die Tatsache, daß die junge Rübenzucker-Industrie Europas die alte Zuckerrohr-Industrie der Kolonien weit überflügelt hat, zeigt, daß auch die Gewinnung des Indigos aus Waid sich zu einer Industrie hätte entfalten können, wenn die Indigo-Waidindustrie sich eines auskömmlichen Schutzzolles zu erfreuen gehabt hätte. Auch hier bei der Gründung der Rübenzucker-Industrie hat es nicht an Leuten gefehlt, die über diese junge Industrie ähnlich dachten wie Berthollet[1] u. a. über den Waid. Haben doch selbst bedeutende Gelehrte damals die eben sich entwickelnde Rübenzucker-Industrie eine schwächliche Treibhauspflanze genannt, die nur künstlich gehalten werden könne. Hat doch 1818 selbst eine deutsche Regierung einer Rübenzuckerfabrik den Bescheid zu teil werden lassen, daß die Gewinnung von Zucker aus Rüben veraltet sei, und heute ist die deutsche Rübenzucker-Industrie die bedeutendste der Welt, deren Produktionswert allein in den letzten 30 Jahren über

---

[1] Berthollet, a. a. O. Einleitung.

10 Milliarden beträgt. Es wäre von großem volkswirtschaftlichen Vorteil gewesen, wenn Deutschland wenigstens seinen eigenen Bedarf an Indigo hätte selbst produzieren können. Man wird mir vielleicht einwenden, daß der Waid viel weniger Indigo enthielt als die Indigopflanzen. Dagegen ist zu erwähnen, daß sich auch die Rübenzucker-Industrie bei ihrer Entstehung eines Materials bedienen mußte, das an Zuckerausbeute weit hinter der des Zuckerrohrs stand. Aber im Laufe der Jahre, vor allem seit dem Aufschwunge der Naturwissenschaften, hat man gelernt, durch geeignete Züchtung der Rüben und Verbesserung der Fabrikationsmethoden, die Zuckerausbeute um das 4—5 fache zu erhöhen und die Herstellungskosten um das Zehnfache und noch mehr zu vermindern. Sollte es nicht möglich gewesen sein, durch geeignete Züchtung der indigoreichsten Waidpflanzen, sachgemäße Düngung und rationelle Bestellung der Felder den Indigogehalt der Waidpflanzen bedeutend zu erhöhen und die Ernte zu verdoppeln? Hätte man nicht durch ausgiebige Benutzung der Ergebnisse der Forschungen der Naturwissenschaften die Methoden der Indigogewinnung aus Waid so verbessern zu können, daß sie die der Kolonien weit übertrafen?

C. Die Einfuhr der sonstigen ausländischen Farbstoffe.

Von weit geringerer Bedeutung als das Auftreten des Indigos war das Auftreten der rotfärbenden Farbematerialien, als Cochenille, Lacca, Sandelholz, Brasilholz, Orseille und andere Flechtenfarbstoffe, da deren Einführung keine größere Störung der deutschen Volkswirtschaft verursachte. Die größte Wichtigkeit unter den genannten Farbstoffen hatte die Cochenille, die den deutschen Kermesfarbstoff verdrängte.

Unter Cochenille versteht man die getrockneten weiblichen Nopalschildläuse, Cocus cacti[1]. Diese zu den Halbdeckflüglern gehörenden Insekten leben auf verschiedenen Kaktusarten, besonders auf Opuntia coccinellifera, welche im südlichen Mexiko, Guatemala und Honduras teils wild wachsen, teils wegen dieser Schildläuse angebaut werden. Bei der Entdeckung Mexikos wurde Cochenille zuerst den Europäern bekannt[2]. Die Spanier beobachteten daselbst, daß die Eingeborenen damit färbten. Schon 1523 verlangte der König von Spanien Bericht von Cortez[3], ob es wahr sei, daß man

[1] v. Cochenhausen, a. a. O. S. 241.
[2] Volz, a. a. O. S. 291 u. f. — Bancroft, a. a. O. S. 295.
[3] Beckmann, Erfindungen III, S. 29. — Volz, a. a. O. S. 291.

in Mexiko Kermes in Menge finde und ob man diesen Farbstoff mit Vorteil nach Kastilien kommen lassen könnte. 1540 ist dann auch Cochenille bereits in Antwerpen als Farbstoff bekannt[1] und gehört seit dieser Zeit zu den kostbarsten, geschätzten natürlichen Farbematerialien. 1531 brachte eine einzige spanische Flotte 141750 Pfund Cochenille nach Europa[2], und doch fand zu dieser Zeit der neue Farbstoff wenig Aufnahme in der Färberei, denn die damalige Scharlachfärberei mit Kleie, Alaun und Weinstein ließ seine Vorzüge gegenüber dem alten Kermes nicht deutlich genug erkennen[3]. Als aber 1650 der holländische Chemiker Drebbel durch Zufall die Verwendung von Zinnsalzen zur Cochenille-Färberei entdeckte, stieg ihr Verbrauch ganz gewaltig[3]. Schon 1736 wurden 880000 Pfund Cochenille nach Europa gebracht[4]. Um diese Zeit kostete 1 Pfund dieses Farbstoffes 50 s. 1770/1799 wurden aus Oaxaka 21555562 Pfund Cochenille im Werte von 49 Millionen Piaster ausgeführt[5]. Nach Bancroft[6] sollen zu Ende des 18. Jahrhunderts jährlich 3000 Sack Cochenille nach Europa gekommen sein. Der Mittelpreis war 15 s. per Pfund, doch gab es auch Zeiten, wo man 30—50 s. bezahlte. Bis zu Beginn des 18. Jahrhunderts kam alle Cochenille aus Mexiko, da die Spanier mit eifersüchtiger Wachsamkeit die Verpflanzung lebendiger Cochenilletiere zu verhindern wußten. Doch gelang es im Laufe des 18. und 19. Jahrhunderts, das Insekt auch nach Rio Janeiro, Peru, Ostindien, Malta, Süditalien und den Kanarischen Inseln zu verpflanzen[7]. Diese Länder lieferten seit dieser Zeit einen nicht unbeträchtlichen Teil dieses wichtigen Farbstoffes.

Nach Maßgabe des immer größeren Verbrauchs von Cochenille schwand die Bedeutung des Kermes-Farbstoffes. In Deutschland hörte das Sammeln von Kermes immer mehr auf. Im 18. Jahrhundert wurde dieser Farbstoff nur noch in Ostpreußen und Sachsen[8], wo man ihn hauptsächlich an den Wurzeln einiger Grasarten, vornehmlich Aira canescense, fand, gesammelt[8]. Infolge des billigen Preises der Cochenille wurde das Sammeln aber immer

[1] Beckmann, Erfindungen III, S. 29. — Volz, a. a. O. S. 291.
[2] Bancroft, a. a. O. S. 594.
[3] v. Cochenhausen, a. a. O. S. 3.
[4] Volz, a. a. O. S. 291.
[5] Ebenda S. 292.
[6] Bancroft, a. a. O. S. 595 u. f.
[7] Volz, a. a. O. S. 292.
[8] Berthollet, a. a. O. S. 211 u. f. — Schriften der Leipziger ökonomischen Sozietät, I. Teil, Dresden 1771, S. 117.

unrentabler, denn da eine fleißige Person täglich nicht mehr als 4—6 Lot sammeln konnte, so wurde der Preis des Kermes fast so hoch wie der der Cochenille. Nur in der Ukraine[1] und Podolien, wo man Kermes viel vorfand, wurde dieser Farbstoff in nennenswerten Mengen gesammelt. Die Verdrängung des Kermes durch die Cochenille fand natürlich sehr wenig Beifall bei den Merkantilisten, und es fehlte nicht an Bemühungen, die Cochenille zu verdrängen. So schreibt Freiherr von Schröder in seinem Werke „Fürstliche Schatz-Rentkammer“[2]: „Ueberdies wächset an fast allen Orten in Deutschland auf dem Felde ein kraut, welches St. Johannisblut genannt ist; dieses hat an der wurtzel solche rothe nodulos, welche mit der Zeit im sommer gegen die Hundestage zu lebendigen würmern werden. Aus diesen nodulis kann die allerschönste scharlachfarbe, welche der chochenille nichts bevorgiebt, gefärbt werden, nur daß man derer mehr, dann der chochenille gebrauchen muß.“ Auch in Frankreich suchte man die Einfuhr der Cochenille zu erschweren. Colbert bestimmte 1669[3], daß die französischen Scharlachfarben nur mit Scharlachkörnern, die aus Languedoc und Provence kämen, ohne Beimischung einer anderen Materie gefärbt werden sollten. Bei den roten Farben war es erlaubt, Cochenille zu verwenden. Wie schnell sich jedoch trotz aller Verbote die Cochenille in Frankreich einbürgerte, zeigt ein Bericht des berühmten Chemikers Hellot von 1716[3]. Er sagt hier: „Der Kermes ist fast nirgends mehr als in Venedig im Gebrauch. Seitdem die feuerfarbene Cochenille Beifall gefunden hat, gefällt die alte Farbe nicht mehr. Daher ist der Vertrieb des Kermes in Frankreich völlig gefallen, und kaum findet sich noch ein Färber, der ihn kennt.“

Die schon im Mittelalter zum Rotfärben benutzten ausländischen Farbstoffe, wie Lacca, Sandelholz, Brasilholz, kamen im 17. und 18. Jahrhundert immer mehr in Anwendung. Die ersteren beiden bezog man nach wie vor aus den schon erwähnten indischen Ländern[4]. Brasilholz kam dagegen jetzt hauptsächlich aus Amerika. Die Ansicht Berthollets[5], daß Brasilholz erst nach der Entdeckung Amerikas nach Deutschland gekommen sei und seinen

[1] Hellot, a. a. O. S. 234 u. f.

[2] Freiherr Wilh. von Schröder, Fürstliche Schatz-Rentkammer S. 298.

[3] Fischer, a. a. O. S. 518 u. f.

[4] Stieda, Hans. Venet. Handel S. 100 u. 105. — von Cochenhausen, a. a. O. S. 212 u. 254.

[5] Berthollet, a. a. O. S. 241.

Namen von dem Lande Brasilien erhalten habe, ist nicht aufrecht zu erhalten. Gerade das Gegenteil ist der Fall. Wie wir schon ausführten, wurde das Brasilholz bereits im Mittelalter in der Färberei unter dem Namen „bresilholz" benutzt[1]. Bei der Entdeckung Südamerikas wurde das Land, wo man dieses Farbholz in ganzen Waldungen vorfand, Brasilien genannt. Seit dieser Zeit bezog man Brasilholz meist von Amerika. Im Handel unterscheidet man[2] Fernambuk oder echtes Brasilienholz von Cäsalpinia crista, Brasilienholz von Cäsalpinia brasiliensis, Santa-Marthaholz von Cäsalpinia echinata, Sapan oder Japanholz, die älteste Handelssorte[3], die schon im Mittelalter bekannt war. Der Handel mit Brasilholz war lange Zeit ein Monopol der Krone von Portugal[4].

Orseille und die anderen Flechtenfarbstoffe, als Lackmus, und Kräuter-Orseille[5], die schon im Mittelalter zum Teil bekannt waren, wurden jetzt sehr viel zum Färben verwendet. Orseille kam von Italien, hauptsächlich von Florenz aus, in den Handel. Diese Stadt hatte ein besonderes Verfahren, die Orseille zum Färben zuzubereiten[6]: Die Flechten wurden gepulvert, sodann mit Harn „von Mannspersonen" angefeuchtet und mit Asche oder Soda versetzt. Nach dieser Prozedur wurde der Brei in hölzerne Fässer geschüttet und nochmals mit Harn oder Kalklauge versetzt. Häufig wurde auch noch Salmiak, Steinsalz und Arsenik verwendet. Die so präparierte Orseille war von den Färbern geschätzt und wurde allen anderen Sorten vorgezogen. Die Italiener holten diese Flechten meist von den Kanarischen Inseln. Um die nordischen Flechten, die hauptsächlich von Schweden und Norwegen eingeführt wurden, hat sich besonders der schwedische Forscher Westring verdient gemacht[7].

Durch die Einführung der eben beschriebenen ausländischen Farbstoffe nahmen die inländischen Farbematerialien immer mehr an Bedeutung ab. Nur der Krappbau hatte noch wirtschaftliche Bedeutung. Angebaut wurde diese Farbpflanze während des 17.,

---

[1] Stieda, Hans. Venet. Handel S. 96.

[2] v. Cochenhausen, a. a. O. S. 208.

[3] Stieda, Hans. venet. Handel S. 96.

[4] Raynal, Geschichte der Besitzungen und Handlungen der Europäer iu beiden Indien 5. Bd., S. 101.

[5] Berthollet, a. a. O. S. 220 u. f.

[6] Hellot, a. a. O. S. 354 u. f.

[7] Berthollet, a. a. O. S. 220. — Poppe, a. a. O. III, S. 401.

18. und 19. Jahrhunderts hauptsächlich in Schlesien[1], im Herzogtum Magdeburg[1], in Kursachsen[1], Thüringen[1], Hannover[1], Böhmen[1], Bayern[1], Württemberg[1], der Pfalz[1] und Baden[1]. Zur Hebung des Krappbaues wurden im 18. Jahrhundert in der preußischen Armee alle roten Tücher mit Krapp gefärbt[2]. In Österreich war es besonders die Kaiserin Maria Theresia, die den Krappbau außerordentlich förderte. Durch das Aufkommen der Türkisch-Rotfärberei[3] nahm er dann immer größere Dimensionen an, doch hatte er für Deutschland nicht mehr die wirtschaftliche Bedeutung, wie einst im Mittelalter. Der Export war nur noch gering, da jetzt England und vor allem Seeland und Flandern selbst viel Krapp bauten. Der Export nach den Niederlanden war nach dem 30jährigen Kriege nicht nur gänzlich eingegangen, vielmehr war der dortige Krappbau im 18. Jahrhundert dem deutschen weit überlegen[4]. Zu Beginn des 19. Jahrhunderts ging der deutsche Krappbau noch mehr zurück, und Deutschland bezog einen großen Teil dieses wichtigen Farbstoffes aus Frankreich[5] und dem Orient[5].

Die Benutzung der anderen deutschen Farbpflanzen, wie Wau, Scharte und Safflor, ging durch die Einführung der gleichfalls gelbfärbenden Farbstoffe Kurkuma[6], Orlean[6], Gelbholz[6], Gelbbeeren[6] immer mehr zurück. Angebaut wurde Wau[7] besonders in Schlesien und Lüneburg[8], Scharte[8] im Herzogtum Magdeburg und der Altmark. Safflor wurde in Thüringen gebaut[9]. Der Safflor-Handel ging später allmählich zugrunde und wurde durch den Elsässer und später türkischen Safflor verdrängt. Auch die Einführung des von Diesbach

---

[1] Bergius, a. a. O. S. 296 u. f. — Volz, a. a. O. S. 469/70. — Langenthal, a. a. O. S. 275. — Falke, Gesch. d. deutsch. Handels Bd. II, S. 218 u. f.

[2] Bergius, ebenda. Auch im französischen Heer soll die Einführung der roten Hosen auf den Krappbau zurückzuführen sein. Dr. v. Scherzer, a. a. O. S. 257.

[3] v. Cochenhausen, a. a. O. S. 3.

[4] v. Hohberg, a. a. O. S. 51 u. 88. — Europens Produkte S. 189 u. 190. Krapp wurde damals viel zur Medizin verwendet. Hohberg schreibt darüber: „Krapp reinigt die Leber, Miltz, Nieren und Mutter. Heilet die Gelb- und Milzsucht, treibt das dicke Gewässer, hauptsächlich das monatliche Geblüt, und ist ein gutes Mittel, Verrenkungen des Rückenmarkes zu heilen." — v. Hohberg, a. a. O. S. 51.

[5] Dr. v. Scherzer, a. a. O. S. 257. — Volz, a. a. O. S. 470.

[6] Dr. Jul. Maier, a. a. O. S. 6, 8, 10, 11.

[7] v. Cochenhausen, a. a. O. S. 268, 270, 264, 263.

[8] Bernh. Ludw. Beckmann I, S. 678. — Wau kostete 10 Taler pro Zentner. — Bergius, a. a. O. S. 311 u. 312.

[9] Ledebour, a. a. O. S. 216. — Schreber, a. a. O. S. 4. — Dalberg, a. a. O. S. 13. — Ehrhard, a. a. O. S. 109.

in Berlin entdeckten Berliner Blaus[1] in die Färberei durch Macquer 1749, sowie die Anwendung von Chrom[2], Eisen[2], Arsenfarben[2] war für die Einfuhr der fremden Farbstoffe ohne Einfluß. Wie schmerzlich man es empfand, in einem so wichtigen Gewerbe wie das der Färberei, gänzlich vom Auslande abhängig zu sein, und wie sehr man sich, wohl nicht ohne Beeinflussung der Merkantilisten, bemühte, im Inlande Farbstoffe zu finden, zeigen die fortgesetzten Versuche, einheimische Pflanzen in die Färberei einzuführen. Unendlich groß ist die Zahl dieser Pflanzen; Berberitzenwurzel[3], Blasenstrauch, Faulbaum, Heidekraut, Johannisblumen, Kamillen, Kolbenmoos, Schellkraut, Tausendgüldenkraut, Wasserklee, Zwiebeln, Bergampfer, Efeu, Kreuzdorn, Lohkraut, Mayerkraut, rote Rüben, Weidrich, Krötenkraut, Kornblumen, Wegetritt, Wachtelweizen, Haselstaude, ja sogar der Samen von rotem und gelbem Klee, Champignons und Kohlköpfe[3] wurden unter mehr oder minder großen Anpreisungen als Farbstoffe empfohlen. Es liegt auf der Hand, daß man mit diesen Farbematerialien die so außerordentlich vorzüglichen und ergiebigen ausländischen Farbstoffe nicht ersetzen konnte, und man blieb nach wie vor gänzlich auf das Ausland angewiesen. In immer größeren Quantitäten und stetig wachsender Mannigfaltigkeit fanden sie Aufnahme in der deutschen Färberei, so daß bis zur Mitte des 19. Jahrhunderts folgende ausländische Farbstoffe zum Färben eingeführt wurden: Indigo[4], Blauholz, Brasilholz, Sandelholz, Cochenille, levantischer Kermes, Lacca, Gelbholz, Fisettholz, Quercitronenrinde, Curcuma, Orlean, Gelbbeeren, Catechou, Gallen, Knoppern, Orseille, Sumach, Lackmus, Persio, Chica, Carajuru, Aloe, Zuckersorgho, Harmalaraute, Munjeed, Soranjee, chinesisch Grün[4]. Vor allem konnte der Indigo triumphieren. Nach jahrhundertelangem Ringen hatte er den Waid gänzlich verdrängt und stand nun ohne Konkurrenz da. Wenn er auch durch das Aufkommen der Gallen-, Sumach- und Blauholzfärberei, sowie des Berliner Blaus nicht im entferntesten die Monopolstellung und wirtschaftliche Bedeutung hatte, die einst der Waid im Mittelalter besaß, so war er doch noch der König der Farbstoffe, und sein Anbau blieb von nicht zu unterschätzender Wichtigkeit. So betrug allein

---

[1] Kielmeyer, a. a. O. S. 67.

[2] Hermbstedt, a. a. O. S. 287, 305.

[3] Journal für Fabrik, Manufaktur, Handlung und Mode, Leipzig 1796, 4. Bd., S. 110; 12. Bd., S. 119 u. f. — Poppe, a. a. O. III, S. 394/96.

[4] Vergl. nähere Angaben bei Dr. Julius Maier, a. a. O. S. 1—98 und bei v. Cochenhausen, a. a. O. S. 132/297.

die Indigoproduktion von Bengalen 1841 162000 Factory maunds[1] im Werte von über 90 Millionen Franken[1]. Ausgangs der 40er Jahre[2] betrug die Ausfuhr aus Indien allein 8 Millionen Pfund. Die anscheinend großen Gewinne aus den Indigoplantagen gaben Veranlassung zur Gründung von Indigo-Kulturen auf Java[3], den Philippinen[3], in Ägypten[3] und am Senegal[3]. In China, Transkaukasien, Armenien und der asiatischen Türkei wurde der Anbau des chinesischen Indigos, Polygonum tinctorium, eifrig betrieben[4].

Wohl niemand mochte damals ahnen, daß diesen Indigo-Plantagen nur eine kurze Zeit der Blüte beschieden sein sollte. Denn nachdem der Indigo den Waid vollständig verdrängt hatte, von welcher Seite sollte den Indigo-Plantagen da Gefahr drohen?

---

[1] Factory maunds = 33 kg. Die Zahlen sind berechnet aus den Angaben von Georievics, a. a. O. S. 22 u. f.

[2] Volz, a. a. O. S. 358.

[3] Georgievics, a. a. O. S. 21 und Volz, a. a. O. S. 358.

[4] Volz, a. a. O. S. 358. — Georgievics, a. a. O. S. 19 u. f. Auch in Japan wird fast aller Indigo nicht von Indigofera-Arten, sondern aus Polygonum-Arten gewonnen.

> **Was man an der Natur Geheimnisvolles pries,**
> **Das wagen wir verständig zu probieren.**
> **Und was sie sonst organisieren ließ,**
> **Das lassen wir kristallisieren.**
>
> **Goethe: Faust.**

III. Die Teerfarben.

A. Die Entwickelung der Teerfarben-Industrie.

Wie wir bereits berichteten, war am Ende des 18. Jahrhunderts die Färberei dasjenige Gewerbe, mit dem sich die Chemie am meisten beschäftigte, und so mußte jede neue Epoche in der Chemie auch eine solche in der Färberei bedingen. Während mehr denn 1000 Jahren bis zu Anfang des 16. Jahrhunderts war die Chemie in den Händen von Alchemysten oder fahrenden Goldköchen, wie Liebig diese Leute nannte, gewesen[1]. Unklare Vorstellungen über die Änderungen der Eigenschaften der Körper bei chemischen Manipulationen verleiteten zu Versuchen, auch die äußerlich schon ähnlichen Metalle ineinander und besonders in Gold und Silber überzuführen. Das viele Experimentieren auf gut Glück lieferte bisweilen statt des Goldes einen anderen praktischen Erfolg, doch während dieser langen Zeit recht wenig. Auch die Zeiten, in denen die Chemie in medizinische Bestrebungen[2] hineingeraten war, und die spätere Epoche, die Zeit der Herrschaft der Phlogistons[3], war der Entwickelung der angewandten Chemie nicht recht günstig gewesen. Erst als Lavoisier[3] sich nicht mehr begnügte, die chemischen Vorgänge nur mit sinnlichen Wahrnehmungen,

---

[1] Ernst Beckmann, Entwickelung und Aufgabe der angewandten Chemie S. 5.

[2] Ernst Beckmann, Entwickelung und Aufgabe der angewandten Chemie S. 5.

[3] Ebenda S. 6.

d. h. qualitativ, zu verfolgen, sondern durch Zuhilfenahme der Wage auch die quantitative Seite berücksichtigte, begann eine Entwickelung ohnegleichen. Die große Förderung, welche die Chemie im Laufe des 19. Jahrhunderts erfuhr, kam im hohen Maße der Färberei zugute, denn eine große Anzahl wissenschaftlich gebildeter Männer begann sich nun systematisch mit der chemischen Natur der Farbstoffe zu befassen. Man fand bald, daß es nur immer gewisse Bestandteile der Farbematerialien waren, die färbende Kraft besaßen. Die Folge dieser Untersuchungen war das Aufkommen der Fabrikation der Farbextrakte, hauptsächlich der Krapp- und Farbholzpräparate[1]. Die Erfolge, die man hierdurch erzielte, führten zur Reindarstellung der Farbstoffe des Krapps, Blauholzes, Katechus, Orleans. Immer enger wurde das Band, welches Wissenschaft und Praxis verband, und neue Umwälzungen in der Chemie konnten nicht spurlos an der Färberei vorübergehen.

Nachdem Wöhler[2] 1828 die erste Synthese eines organischen Stoffes, des Harnstoffes, ausgeführt hatte, folgte im raschen Fluge die Entwickelung der organischen Chemie. Vor allem wurden durch den unsterblichen Forscher Justus v. Liebig der Chemie neue Bahnen angewiesen[3]. Experimente des Meisters und seiner Schüler in den neu gegründeten chemischen Unterrichtssälen erschlossen immer mehr die Gesetze, nach denen sich alle Vorgänge in der Natur vollziehen, und förderten das Interesse für viele Stoffe, die vorher wenig oder gar keine Beachtung hatten. Wenn Liebig einst die prophetischen Worte sprach[4]: „Wir glauben, daß morgen oder übermorgen jemand ein Verfahren entdeckt, aus Steinkohlen den herrlichen Farbstoff des Krapp oder das wohltätige Chinin oder Morphium zu machen“, so mochte er wohl selbst nicht ge-

[1] Kielmeyer, a. a. O. S. 222 u. f. — v. Cochenhausen, a. a. O. S. 194 u. 216.

Die Farbholz-Extrakt-Fabrikation hat sich leider in Deutschland nie zur vollen Höhe entwickeln können, weil die ausländischen Fabriken, besonders die in Frankreich und Amerika, die ihrerseits durch hohe Einfuhrzölle gegen ausländischen Wettbewerb geschützt waren, ihre Überproduktion auf den deutschen Markt werfen konnten, da der deutsche Einfuhrzoll auf Farbholzextrakte viel zu niedrig war.

[2] Witt, Otto N., Die Gesamtentwickelung der chem. Industrie Deutschlands im Katalog der Weltausstellung zu Paris 1900, S. 5.

[3] Caro, Berichte der Chem. Ges. 1892, III. Bd., S. 1101.

[4] v. Liebig, Chemische Briefe III. Bd., 2. Aufl., S. 55. — Berichte der deutsch. chem. Gesellsch. 1892, III. Bd., S. 1028.

ahnt haben, wie bald sich seine Prophezeiung erfüllen sollte. Auf ihn, den großen Meister, müssen wir die Entstehung der deutschen Teerfarben-Industrie zurückführen, denn aus seiner Schule gingen die beiden Männer hervor, welche für diese Industrie bahnbrechend wirken sollten, Hofmann und Kekulé[1]. Dem Einflusse und Bemühungen Liebigs war es zu verdanken, daß die deutschen Regierungen an den Universitäten die Chemie zu berücksichtigen begannen und chemische Arbeitsräume bauten. Er war es, der auf die national-ökonomische Bedeutung der Chemie so treffend hinwies, wie keiner vor ihm[2]. Aber noch unterschätzten die deutschen Regierungen die wirtschaftliche Triebkraft der chemischen Lehre, und bedeutende deutsche Forscher gingen nach dem Auslande, so Hofmann nach London[3]. Hofmann hatte sich viel mit dem Steinkohlenteer, besonders mit dem Anilin beschäftigt, und hier in London stellte einer seiner Schüler und Assistenten, Henry Perkin, durch Zufall — er war von Hofmann mit Versuchen beauftragt worden, aus dem Anilin Chinin darzustellen[4] — aus dem Anilin einen Körper von violetter Farbe dar, begabt mit einem ausgezeichneten Vermögen, diese Farbe den Gespinstfasern mitzuteilen. Der erste künstliche Farbstoff war entdeckt![5] Perkin nutzte sofort diese Entdeckung praktisch aus und gründete im nächsten Jahre in Greenford-Green bei London die erste Teerfarbenfabrik[6]. Der neue künstliche Farbstoff kam, da seine Färbung an die gewisser Malvenvarietäten erinnerte, unter dem Namen „Mauveïne" in den Handel und erzielte einen außerordentlich hohen Preis. 1 kg dieses Farbstoffes soll in der ersten Zeit 4000 Franken gekostet haben[7]. Die Entdeckung dieses „Mauveïne" fand 1856 statt. Zwei Jahre später stellte Hofmann[8] aus dem Anilin einen

---

[1] Berichte der deutsch. chem. Gesellsch. 1900, Beilage XXXVIII. — Vortrag von Vollhard.

[2] v. Liebig, Reden und Abhandlungen, M. Carriere S. 7.

[3] Berichte der deutsch. chem. Gesellsch. 1900, Beilage XXXVIII.

[4] Ernst Beckmann, a. a. O. S. 16. — Berichte der deutsch. chem. Gesellsch. 1892, III. Bd., S. 1024.

[5] Ebenda. — Die Pikrinsäure, die schon 1771 dargestellt, aber erst 1845 zum Färben benutzt wurde, ist ja eigentlich der erste künstlich hergestellte organische Farbstoff. Doch rechnet man den Farbstoff Perkins, das Mauveïne, als ersten künstlichen Farbstoff, da die hierbei gemachten Erfahrungen die Grundlage für die gesamte Teerindustrie waren. Wichelhaus, Wirtschaftliche Bedeutung chem. Arbeit S. 31.

[6] Berichte der deutsch. chem. Gesellsch. 1892, 3. Bd., S. 1024.

[7] v. Zwiedineck-Südenhorst, a. a. O. S. 233.

[8] Wichelhaus, a. a. O. S. 32.

roten Farbstoff dar, welchen die Franzosen Verguin und Renard im folgenden Jahre fabrikmäßig darzustellen lehrten. Da die Färbung dieses roten Farbstoffes mit der Fuchsiablüte große Ähnlichkeit hatte, so wurde er unter dem Namen „Fuchsin" in den Handel gebracht[1]. Die Erfolge, welche die beiden neuen Farbstoffe sofort bei ihrem Erscheinen errangen, führten zu weiteren Arbeiten und Versuchen, als deren Ergebnisse das Anilinblau[2], Methylviolett[2], Jodviolett[2] und Jodgrün[2], wasserlösliches Anilinblau[2] und Anilinschwarz zu nennen sind. Alle diese Farben traten als künstliche den natürlichen an die Seite, und der Grundstein zu einer neuen großartigen Industrie war gelegt. Da alle diese Farben aus dem Anilin, einem Bestandteile des Steinkohlenteers, gewonnen wurden, so nannte man sie Anilinfarben, welchen Namen sie häufig auch dann noch führten, als bereits noch andere Stoffe des Teers, das Anthracen, das Toluol, Naphthalin etc. zur Herstellung der Teerfarben benutzt wurden. Der Name „Anilin"[3] rührt her von der Bezeichnung der Indigopflanze „Indigofera anil". Schon 1826 hatte der Apotheker Unverdorben diesen Stoff durch trockene Destillation des Indigos erhalten, ihn aber Kristallin genannt. Der Chemiker Fritzsche[3] hat den Namen Anilin dann einer im Jahre 1840 durch Zersetzung von Indigo erhaltenen Base gegeben und die gleiche elementare Zusammensetzung dieser Base und des Benzidams festgestellt, welches Zinin[3] durch eine damals schwerverständliche Umwandlung des Mitscherlichschen Nitrobenzols erhalten hatte.

Der Steinkohlenteer, einst ein lästiges Abfallprodukt, wurde so mit einem Male eines der geschätztesten Rohstoffe. Das Rätsel des Teers hatte die Chemiker schon seit langer Zeit beschäftigt, erst allmählich begann es sich zu klären. Runges[4] im Jahre 1834 veröffentlichte Beobachtungen über die einzelnen Teerbestandteile, Farbstoffe zu bilden, blieben noch ohne Folgen. Erst die genauere Erkenntnis der Natur dieser Bestandteile, wie Hofmann[5] sie uns vermittelte, konnte den nötigen sicheren Grund für neue Errungenschaften geben, besonders seitdem Mansfield im Hofmannschen Laboratorium ein Verfahren zur technischen Gewinnung des Benzols aus dem Teer gegeben hatte.

---

[1] Wichelhaus, a. a. O. S. 32.

[2] Ebenda S. 32 u. f.

[3] Gedächtnisrede Hr. F. Tiemanns auf A. W. v. Hofmann. Berichte der deutsch. chem. Gesellsch. 1892, H. 25, II, S. 3381.

[4] Otto N. Witt, a. a. O. S. 5. — Wichelhaus, a. a. O. S. 31.

[5] Otto N. Witt, a. a. O. S. 5.

Das Material für die Gewinnung des Teers liefern die Steinkohlen. Die Pflanzen haben die Aufgabe, die atmosphärische Luft von der ihr fortwährend zuströmenden Kohlensäure zu reinigen und so immer in gleicher Beschaffenheit zu halten, wodurch die Möglichkeit höheren tierischen Lebens bedingt ist. Die Pflanzen brauchen den Kohlenstoff zum Aufbau der Pflanzenfaser und entziehen durch Atmung der Atmosphäre Kohlensäure. Verfaulen die Pflanzen nach ihrem Absterben, so kehrt der Kohlenstoff als Kohlensäure in den Luftkreis zurück und würde somit einen verlustlosen Kreislauf durchmachen, wenn nicht diesem letzteren durch den Verkohlungsprozeß gewaltige Mengen von Kohlenstoff entrückt und in Form von Gesteins- und zwar Kohlenablagerungen an die Erde gefesselt würden. Je älter nun diese Kohlenablagerungen sind, um so mehr wird sich — durch chemisch-geologische Einflüsse bedingt — ihre ursprüngliche Zusammensetzung geändert und mehr oder weniger in reinen Kohlenstoff umgesetzt haben. Kohle mit ca. 75—90 % Kohlenstoffgehalt wird als Steinkohle bezeichnet und bildet das Urmaterial für die Teerfarben. Zum größten Teil sind diese Steinkohlen verwesende, ihrem Endziel bereits nahe gerückte Massen von riesigen Gefäßkryptogamen, Sigillarien, Lepidodendren, Kalamiten und Farnen etc. der Karbonformation; aber auch Pflanzen älterer und jüngerer Formationen, wie Fucaceen des Devons, sowie Cycadeen, Koniferen und Baumfarne der Wealdenformation, des Keupers und des Rotliegenden, bilden ihr Material[1]. In jenen mächtigen Überresten einer massenhaft entwickelten Pflanzenwelt, welche in einer ungezählte Jahrtausende hinter unserer Zeit zurückliegenden Entwickelungsperiode der Erde deren Oberfläche bedeckte und welche sich ebenso wie die heutige nur unter dem Einflusse der Sonnenstrahlen entfalten konnte, ist uns gewissermaßen ein unermeßliches Lager aufgespeicherter Sonnenstrahlen erhalten worden, dessen Benutzung es uns nach Tausenden von Jahren noch ermöglicht, den Kraftvorrat, welcher dereinst in den Sonnenstrahlen auf die Erde gelangte und welcher so lange in ihrem Schoße schlummerte, zu frischem Leben zu erwecken. Die Dampfmaschine, die Lokomotive, das Dampfschiff arbeiten mit dem aufgespeicherten Sonnenlicht der Steinkohlen. Aber nicht nur Bewegung erzeugen wir mit ihrer Hilfe; sie dienen uns auch dazu, die Wärme und das Licht der Sonnenstrahlen wieder zu erzeugen, wenn wir auch bekennen müssen, daß das Sonnenlicht

[1] Credner, Elemente der Geologie S. 171 u. f.

in den Flammen des Leuchtgases recht abgeschwächt zum Vorschein kommt. Die jüngste Errungenschaft des menschlichen Geistes ist es nun, die Farbenpracht, die die Sonnenstrahlen einst erzeugten, in ungeahnter Mannigfaltigkeit wieder hervorzubringen.

Eine Hauptverwendung finden die Steinkohlen zur Erzeugung von Leuchtgas, wie solche jetzt in großartiger Weise betrieben wird [1]. Hierbei ergeben sich dreierlei Produkte, das Leuchtgas, das Gaswasser und der Teer. Letzterer ist jener schwarze, übelduftende, zähflüssige Brei, dem schwerlich jemand es ansehen wird, daß es der Wissenschaft gelungen ist, ihm die reiche Skala glänzender Farbetöne zu entlocken, von denen viele mit der Farbenpracht der Blumen wetteifern, und die alten ehrwürdigen Pflanzenstoffe zu verdrängen, welche seit dem Altertum den Menschen zur Verschönerung der Gewebe dienten. Der Teer ist seit jener Zeit Gegenstand einer wichtigen Fabrikation geworden; er wird teils in eigenen großen Fabriken, teils in den Teerfabriken zur Gewinnung von Benzol, Toluol, Xylol, Naphthalin, Anthracen weiter verarbeitet [2].

Wie wir erwähnten, hatte die Teerfarbenindustrie im Auslande, in England und Frankreich zuerst Fuß gefaßt. In Deutschland begann man sich erst seit den 60er Jahren mit der Darstellung der künstlichen Farben zu befassen und zuerst mit nicht so viel Erfolg. Wenn man in Deutschland Jahre verstreichen ließ, ehe man sich intensiv der Herstellung künstlicher Farben zuwandte, so lag dies wohl daran, daß die Vorbedingungen für das Aufblühen der jungen Industrie im Auslande, namentlich in England viel günstiger zu liegen schienen als im eigenen Lande. Nicht nur waren damals die erforderlichen Hilfsmittel, wie Brennmaterialien und die Erzeugnisse der Säure- und Alkali-Industrie [3] in England viel billiger, sondern es fehlte in Deutschland namentlich an Rohmaterial, an Teer und seinen Destillationsprodukten, da die Gasindustrie nicht annähernd in dem Maße entwickelt war, wie in England und Frankreich [4]. Diesen Nachteilen stand aber der gar nicht hoch genug anzuschlagende Vorteil gegenüber, daß Deutschland,

---

[1] In Deutschland bestehen ca. 500 öffentliche Gasanstalten, welche jährlich ca. 2 Millionen Steinkohlen destillieren. Viel großartiger wird die Leuchtgasfabrikation in England betrieben. Die Chemie des Steinkohlenteers, Dr. Gustav Schulz I, S. 6 u. 9.

[2] Schulz, a. a. O. S. 25.

[3] Otto N. Witt, a. a. O. S. 6.

[4] Otto N. Witt, a. a. O. S. 6.

dank der durch Liebig in die Wege geleiteten Entwickelung seines chemischen Unterrichts, fortwährend über einen reichen Zuwachs zweckentsprechend vorgebildeter junger Chemiker verfügte. Unterstützt von einem Heere solcher schaffensfreudiger junger Forscher blühte in Deutschland die Teerfarbenindustrie kräftig empor, obgleich sie für ihr Rohmaterial noch lange vom Auslande abhängig blieb. Es gelang ihr, in ihrem Aufschwunge auch diejenige heimische Schwester-Industrie mit sich emporzutragen, von der sie anfangs hatte fürchten müssen, daß sie zu schwach sein würde, ihr das nötige Hilfsmaterial zu liefern — die Industrie der Säuren und Alkalien.

Die technische Entwickelung der deutschen Teerfarbenindustrie genau zu schildern, würde wegen der ungeheuer großen Zahl der verschiedenen Farben — mehr denn tausend —, die fast in jeder Fabrik nach voneinander abweichenden Verfahren, in vielen Fällen fast in jedem Jahre anders, auch oft streng geheim, hergestellt werden, ganz in das Gebiet der Chemie fallen. Wir müssen uns daher darauf beschränken, nur einige besonders wirtschaftliche Epochen hervorzuheben. In der ersten Zeit stellte man in Deutschland fast nur Anilinfarben, hauptsächlich gelbes, rotes und blaufärbendes Fuchsin, dar. Besondere Ausdehnung erlangte die deutsche Teerfarbenindustrie dann seit 1869. Zu dieser Zeit war es gelungen, den Farbstoff des Krapps, das Alizarin, künstlich aus dem Anthracen fabrikmäßig darzustellen. Die deutschen Teerfarbenfabriken stellten diesen außerordentlich wichtigen Farbstoff äußerst wohlfeil und dabei von der größten Reinheit und Echtheit dar, so daß das natürliche Alizarin bald verdrängt wurde und der Krappbau fast ganz aufhörte. Die Alizarinfabrikation wiederum öffnete der deutschen Teerfarbenindustrie ganz neue Bahnen und trug viel zu ihrem Siegeslaufe bei. Immer mehr vergrößerte sich die Zahl der aus dem Teer gewonnenen Farbstoffe. Auch andere Bestandteile des Teers, als das Benzol und Anthracen, hauptsächlich das Toluol, Xylol und Naphthalin wurden nun als Ausgangsmaterial benutzt und lieferten immer prächtigere Farben. So seien hier zunächst nur die Eosine genannt, die 1874 das farbenprächtige Gebiet der Resorzin-Farbstoffe erschlossen[1]. Ein außerordentlicher Erfolg war dann die Darstellung der Azo-

---

[1] Nähere Angaben über die Gewinnung dieser Farbstoffe bei Dr. Gustav Schulz, Chemie des Steinkohlenteers II. B. Braunschweig 1901. — Dr. Ernst R. Nietzki, Berlin 1901, Die Chemie der organischen Farbstoffe.

farben. Im Methylenblau wurde 1877 einer der wertvollsten Baumwollfarbstoffe entdeckt, und in den Naphtholfarbstoffen entstanden Farbstoffe, die den Wollfärbern unentbehrlich wurden. Eine glänzende Bereicherung erfuhr die Industrie durch die 1883 eingeführte Farbstoffsynthese mit Hilfe von Chlorkohlenoxyd, sowie durch die Darstellung der Kongofarben und Schwefelfarbstoffen. Die größten Triumphe dürfte aber wohl die deutsche Farbenindustrie durch die synthetische Darstellung des Indigos feiern. Schon 1880 war es von Beyer in München gelungen, mehrere Methoden zu finden, nach welchen der Indigo fabrikmäßig dargestellt werden konnte. Doch waren alle diese Verfahren zu kostspielig[1]. Seitdem es aber unter fortgesetzter außerordentlicher Aufwendung von Arbeit und Kapital[2] gelungen ist, den Indigo aus dem Naphthalin[3] oder Benzol[4], in welchen Produkten man ein unerschöpfliches Rohmaterial hat, synthetisch darzustellen, wird auch dieser alte Farbstoff bald das Schicksal des Krapps teilen. Ein neuer Abschnitt in der Geschichte der Teerfarbenindustrie hat damit begonnen, denn der Zuwachs, den die Industrie durch diesen neuen Fabrikationszweig erfahren wird, eröffnet derselben eine großartige Perspektive.

Die Zahl der bis jetzt künstlich dargestellten Farben ist sehr groß. Bereits 1898 gab es ca. 1200 Teerfarben in allen erdenklichen Nuancen[5]. Die Klassifizierung aller dieser mannigfaltigen Farbstoffe kann von den verschiedensten Gesichtspunkten aus geschehen. Früher teilte man sie entweder nach der Farbe in blaue, rote, gelbe, schwarze, grüne oder nach dem Ausgangsmaterial ein und sprach von Anilinfarben, Phenolfarben, Naphthalinfarben und Anthracenfarben. In bezug auf ihre Verwendung unterscheidet man Baumwollfarbstoffe, Wollfarbstoffe, Seidefarbstoffe, Lederfarbstoffe. Eine mehr wissenschaftliche Einteilung war die nach der Konstitution, wobei der betreffende Farbstoff auf den dazu gehörigen Kohlenwasserstoff bezogen wurde. Man hatte danach Benzolfarbstoffe, Toluolfarbstoffe, Tri-

---

[1] v. Cochenhausen, a. a. O. S. 139.

[2] Die Badische Anilin- und Sodafabrik soll bei derartigen Versuchen ca. 18 Millionen Mark Ausgaben gehabt haben. — Professor Paul Friedländer in der Zeitschrift des deutschen Färberverbandes, Jahrgang 3, Nr. 21, S. 266.

[3] H. Brunck, Die Entwickelungsgeschichte der Indigo-Fabrikation. Ber. d. deutsch. chem. Gesellsch. 1900, Beil. 5.

[4] In Höchst a. M. wird der Indigo aus dem Benzol gewonnen, in Ludwigshafen aus Naphthalin.

[5] Ernst Beckmann, a. a. O. S. 16.

phenilmethanfarbstoffe und Anthracenfarbstoffe. Rationeller ist es, sie nach den sie charakterisierenden chromoformen Atomgruppen zu klassifizieren, so in Nitrofarbstoffe, Azofarbstoffe, Hydrozon- und Pyrazolonfarbstoffe etc.[1].

Wie schnell sich in Deutschland die Teerfarbenindustrie entwickelte, zeigt sich an dem schnellen Aufschwung der Fabriken. So beschäftigte die Badische Anilin- und Sodafabrik 1865 30 Arbeiter, 1903 dagegen 7531, Fr. Bayer & Co., Elberfeld 1875 119 Arbeiter, 1903 5000. In Höchst a. Main stieg die Zahl der Arbeiter innerhalb der letzten 30 Jahre von 15 auf 4500. Ebenso rapid ist die Entwickelung der Aktiengesellschaft für Anilinfabrikation in Berlin[2] und der Anilinfabrik zu Mainkur von Leopold Casella & Co.[2]

Der unerwartet große Aufschwung der Teerfarben-Industrie ließ Bedenken auftreten, ob das Rohmaterial, der Steinkohlenteer, immer in genügenden Mengen vorhanden sein würde. Im Anfange der achtziger Jahre[3] schien es in der Tat, als ob das Rohmaterial ausgehen würde, und somit schien auch für die Farbenindustrie eine Krisis gekommen zu sein. Von England, dem scheinbar unerschöpflichen Markte für Deutschlands Bedarf an Teerprodukten, ging eine Neuerung in der Gasindustrie aus, welche nicht nur die Menge des bei derselben gewonnenen Teers gewaltig reduzierte, sondern auch den Gehalt desselben an Benzolkohlenwasserstoffen ganz wesentlich herabsetzte. Wäre die Farbenindustrie damals, wie zur Zeit ihrer Entstehung, ganz und gar auf Abkömmlinge der Benzolkohlenwasserstoffe angewiesen gewesen, so hätte diese plötzliche Änderung ihrer Grundlagen sie in schwere Konvulsionen stürzen müssen. Zum Glück hatte die Teerfarben-Industrie längst in anderen Teerbestandteilen nicht minder wertvolle Rohmateriale gefunden, welche die Verteuerung des Benzols und seiner Homologen weniger gefahrvoll erscheinen ließen. Immerhin war die Sachlage ernsthaft genug, um zu einer endgültigen Untersuchung des nicht mehr neuen Problems aufzufordern, in welcher Weise sich auch bei der Kokerei die auftretenden Destillationsprodukte der Steinkohle gewinnen ließen. Die unternommenen Versuche haben dazu geführt, daß die schwierige und scheinbar einen inneren

---

[1] Schulz II. Bd., S. 24 u. f.

[2] Katalog der Sammelausstellung der deutschen chemischen Industrie in Paris 1900. — Handbuch der deutschen Actien-Gesellschaften.

[3] Otto N. Witt, a. a. O. S. 7.

Widerspruch enthaltende Aufgabe mehrere vollkommene Lösungen durch deutsche Chemiker[1] — Otto, Hofmann, Brunck u. a. — gefunden hat. Damit ist für Deutschland eine Quelle von Steinkohlenteer erschlossen worden, welche zur Deckung des Bedarfes der deutschen Farbenindustrie trotz ihres stetig wachsenden Umfanges nicht versiegen wird. Die Farbenindustrie ist somit auch für ihr Rohmaterial unabhängiger geworden[2] vom Import, und gleichzeitig ist eine chemische Industrie, deren Umfang in Deutschland früher recht bescheiden gewesen war, zu großer wirtschaftlicher Bedeutung gelangt. Es ist dies die Teerdestillation mit allen ihren Nebenbetrieben — Phenol- und Pyridinfabrikation, Holzimprägnierung usw. Die jährliche Produktion der Steinkohlenteer destillierenden Länder der Erde, als solche kommen nur Deutschland, England und Frankreich sowie Belgien und Österreich in Betracht, an den beiden ersten Kohlenwasserstoffen der Benzolreihe wird von Dr. H. Brunck[3] auf 25000—30000 Tonnen geschätzt, wovon $^1/_3$ auf Deutschland fällt.

Das Mengenverhältnis der bei der Steinkohlenteer-Verarbeitung erhaltenen Erzeugnisse ist das nachfolgende:

Benzol und Homologen	2,50 %.
Phenol und Homologen	2,00 „
Pyridin (Chinolinbasen)	0,25 „
Naphthalin (Acenaphthen)	6,00 „
Schwere Öle .	20,00 „
Anthracen, Phenanthren	2,00 „
Asphalt (lösliche Bestandteile des Pechs)	38,00 „
Kohle (unlösliche Bestandteile des Pechs)	24,00 „
Wasser	4,00 „
Gase und Verluste	1,25 „

Nach Witt[4] beträgt die Teerproduktion in Deutschland folgende Mengen:

Benzolkohlenwasserstoffe aus Teer	5500—6000	Tonnen.
Phenol und Kresol .	4400—4800	„
Pyridin .	550— 600	„

[1] Otto N. Witt, a. a. O. S. 7 u. 8.

[2] Ebenda.

[3] Witt, Die Chemische Industrie des Deutschen Reiches S. 199 u. f.

[4] Ebenda S. 201 u. 202.

Naphthalin	13200— 14400	Tonnen.
Anthracen . .	4400— 4800	„
Pech	etwa 136000—150000	„

B. Die wirtschaftliche Bedeutung der deutschen Teerfarben-Industrie.

Die Bedeutung der deutschen Teerfarben-Industrie für das gesamte deutsche Wirtschaftsleben richtig zu würdigen, würde weit den Rahmen dieser Arbeit übersteigen, da die Teerfarben-Industrie mit der gesamten chemischen Industrie in engstem Kontakt steht. Es sei uns hier gestattet, einige besonders wichtige Punkte hervorzuheben. Die Wichtigkeit und Abhängigkeit der Textilindustrie von preiswerten, schönen und dauerhaften Farben haben wir schon des öfteren erwähnt, so daß wir hierauf nicht näher einzugehen brauchen. Vor dem Aufblühen der Teerindustrie war Deutschland gezwungen, fast seinen ganzen Bedarf an Textilfarbstoffen vom Ausland zu beziehen.

Welche Dimension die Produktion von Teerfarben heute schon angenommen hat, zeigen folgende Zahlen. Die Ausfuhr von Teerfarbstoffen betrug 1903 inkl. Indigo 143536000 Mark[1]. Rechnet man hierzu noch die Werte der im Inlande verbrauchten Farben, worüber leider genaue Angaben fehlen, die man aber wohl auf 40—50 Mill. ansetzen kann, so illustrieren diese Zahlen wohl am besten die wirtschaftliche Bedeutung der deutschen Teerfarben-Industrie. Die hier angegebenen Werte sind aber keineswegs erschöpfend, denn einige der deutschen Farbenfabriken haben, durch die Zollgesetzgebung fremder Länder veranlasst, in fast allen größeren Kulturstaaten Filialfabriken angelegt[2], so in Rußland, Frankreich, England und den Vereinigten Staaten von Nordamerika.

Die in den deutschen Teerfabriken beschäftigten Personen[3] betrugen 1903 — ohne die Angestellten der Teerdestillation mit den Nebenbetrieben — ca. 20000 Arbeiter, 1700 kaufmännische Beamte, 500 Ingenieure und Techniker und 550 Chemiker. Die Kapitalien,

---

[1] Vergl. die Ausfuhrstatistik auf den nachfolgenden Seiten.

[2] Katalog der Sammelausstellung der deutschen chemischen Industrie zu Paris 1900 von Otto N. Witt.

[3] Die Zahlen sind dem Katalog der Sammelausstellung der deutschen chemischen Industrie zu Paris 1900 und dem Handbuch der deutschen Aktien-Gesellschaften entnommen. Es ist schwer, die Zahlen genau festzustellen, da die meisten Teerfarbenfabriken noch andere Stoffe als Farben aus dem Teer darstellen.

die allein in den 6 großen deutschen Teerfarbenfabriken angelegt sind, betragen ca. 130 Millionen[1]. Die Durchschnittsdividende der Teerfarbenfabriken betrug[2]:

Jahr	Dividende	Jahr	Dividende
1884	11,05 %.	1894	23,13 %.
1885	7,05 „	1895	23,59 „
1886	9,94 „	1896	23,59 „
1887	13,25 „	1897	22,09 „
1888	15,44 „	1898	22,26 „
1889	17,50 „	1899	22,46 „
1890	20,75 „	1900	20,44 „
1891	20,92 „	1902	22,03 „
1892	23,19 „	1903	22,62 „
1893	23,86 „		

An der Produktion der Teerfarben sind ca. 21 Fabriken beteiligt, doch fällt fast die gesamte Produktion auf 6 größere Fabriken, von denen einige den Ruf beanspruchen können, die größten chemischen Fabriken der Welt überhaupt zu sein[3].

Die Teerfarbenfabriken sind Unternehmungen in ganz modernem Sinne, in denen fast alle zur Verwendung kommenden Materialien selbst erzeugt werden[4], und dabei doch eine bis ins kleinste verzweigte Produktions- und Arbeitsteilung. Nirgends ist das Band zwischen Wissenschaft und Praxis so eng wie in den Farbenfabriken[5]. Wir finden hier eine bis in die letzten Adern der Fabrikation sich verzweigende wissenschaftliche Durchdringung der Praxis, unablässige Fühlung mit der Bewegung auf dem Erfindungsgebiete, den Fortschritten aller Wissenschaft und ein harmonisches Zusammenwirken aller Kräfte.

In ganz hervorragender Weise haben sich die Farbenfabriken an den sozialen Einrichtungen beteiligt. Es geschieht alles, was zum Schutze der Arbeiter gegen die Gefahren ihres Berufes, zur Verhütung von Unfällen, zur Abwehr und Heilung von Krankheiten,

---

[1] Siehe Anmerkung 3, Seite 98.

[2] Protokolle zu den Hauptversammlungen des Vereins zur Wahrung der Chemischen Industrie Deutschlands, XXI, XXVI, XXVII.

[3] Otto N. Witt, a. a. O. S. 8.

[4] So werden in manchen Fabriken nicht nur die für den Betrieb erforderlichen Chemikalien, sondern auch die für Versand, Reklame etc. erforderlichen Hilfsmittel selbst hergestellt. Die Fabriken besitzen daher eigene Buchdruckereien, Buchbindereien, Schreinereien, Klempnereien, Küfereien etc. Vergl. die Kataloge der Farbwerke.

[5] Caro, Ber. der deutsch. chem. Gesellsch. 1892, III, S. 958.

sowie zur Kräftigung der Genesenden erforderlich ist. Reichlich, weit über die gesetzlichen Verpflichtungen hinaus, steuern sie den Kranken- und Pensionskassen bei, nehmen sich der Witwen und Waisen an und sorgen für die Veteranen, Invaliden und Opfer der Arbeit[1]. Die Leiter der Fabriken sind sich bewußt, daß nicht nur menschliches Pflichtgefühl, sondern auch wohlverstandenes Geschäftsinteresse die planmäßige Fürsorge für die Erhaltung und Hebung eines gesunden, zufriedenen und anhänglichen Arbeiterstandes verlangt. Dieser bildet eine der Grundlagen für das Gedeihen der Farbindustrie, da sie für die gewissenhafte Ausführung ihrer Verfahren besonders zuverlässiger und geschulter Arbeitskräfte bedarf.

Wohl auf keine andere Industrie kann Deutschland so stolz sein, wie auf die Teerfarben-Industrie, und sie mit vollstem Rechte als eine „deutsche" bezeichnen; denn $^9/_{10}$ aller Teerfarbstoffe der Welt[2] werden in Deutschland produziert. Die deutsche Teerfarben-Industrie ist, wie wir schon zeigten, vornehmlich Exportindustrie, und wir können mit Recht sagen, daß sie der blühendste und gesündeste Zweig der deutschen Exportindustrie ist. Viele unserer „sog. blühenden"[3] Exportindustrieen sind nur auf Kosten der Lebenshaltung der in ihr beschäftigten Arbeiter aufrecht zu erhalten, denen Löhne gezahlt werden, daß sie gerade noch hoch genug sind, um Leib und Seele zusammen zu halten, und bei denen die Arbeitszeit so lange dauert, als der liebe Gott dem Tage Stunden gegeben hat. Ganz anders sind die Verhältnisse in der Teerfarben-Industrie, die ihre blühende Existenz nur dem Fleiße und der Intelligenz deutscher Gelehrter und dem Unternehmungsgeiste deutscher Kaufleute verdanken. Die Teerfarben-Industrie marschiert in sozialer Beziehung

---

[1] So haben die badischen Anilin- und Sodafabriken für Arbeiterhäuser 3 Millionen unverzinslich angelegt; ähnlich hoch sind die Kapitalien, die die Farbwerke zu Höchst a. M. und zu Elberfeld für Arbeiterwohnungen angelegt haben. Speiseanstalten und Konsumvereine, die von der Fabrikleitung stark finanziell unterstützt werden, sorgen für gute und preiswerte Lebensmittel; Gesellschaftshäuser mit Bibliotheken, große Badeanstalten und Erholungshaine sorgen für Erholung und Zerstreuung der Arbeiter nach den Dienststunden. Asyle für Wöchnerinnen, Haushaltungsschulen, Schwesternhäuser mit Ärzten und Frauen- und Kinderbäder sorgen für das Wohl der Familienangehörigen der Fabrikarbeiter und stehen diesen in allen Fällen gratis zur Verfügung. Vergl. die Kataloge der angegebenen Fabriken.

[2] Witt, a. a. O. S. 8. — Witt, Chem. Ind. S. 203.

[3] Dr. Ludwig Pohle, Deutschland am Scheidewege. Leipzig 1902, S. 217 u. f.

an der Spitze aller Industrieen[1]. Der Lohn, den die Arbeiter verdienen, ist viel höher als der Durchschnittslohn, den der deutsche Arbeiter sonst verdient[2].

Die chemische Industrie Deutschlands, die zu Beginn der Teerfarben-Industrie noch ziemlich unbedeutend war, hat sich seit dieser Zeit zu einem der wichtigsten Zweige der deutschen Volkswirtschaft entwickelt. Nach den im Jahre 1897 von den Regierungen veranlaßten produktionsstatistischen Erhebungen für eine Reihe der wichtigsten Industriezweige nimmt die chemische Industrie mit 948 Millionen[3] Produktionswert die dritte Stelle ein und wird nur durch die Montan- und Eisenindustrie, sowie durch die Textilindustrie übertroffen. Ohne die Teerfarben-Industrie wäre ein so rapider Aufschwung unmöglich gewesen. Die Entdeckung vieler Arzneimittel[4], synthetischer Parfümerien, die sowohl für Deutschland als auch vor allem für das Ausland in immer wachsender Menge hergestellt werden, ist lediglich bei Versuchen, Farben zu entdecken, gemacht worden. Ohne die Farbenindustrie würden sie heute sicher nicht existieren. Denn erst seit Herstellung der künstlichen Farben wurde der Teer derjenige Rohstoff, mit dem sich die Wissenschaft am meisten beschäftigte. Der große Aufschwung der neueren Spreng- und Schießpulver-Industrie steht mit den bei der Fabrikation der Teerfarben gemachten Erfahrungen in engstem Zusammenhange. Auch auf dem Gebiete der anorganischen chemischen Großindustrie sind die Farbenfabriken oft führend vorangegangen. So haben sich einige der größten Teerfabriken seit Anfang ihres Bestehens zur Aufgabe gemacht, sämtliche Hilfsmaterialien, mittelst deren die Weiterverarbeitung und Umwandlung der Rohstoffe zu Farbstoffen geschieht, im eigenen Betriebe herzustellen[5]. So werden Schwefelsäure, Salzsäure, Salpetersäure, Soda, Chlor und Chromsäure in größter technischer Reinheit und in größtmöglichster Konzentration hergestellt, wie sie vorher nicht geliefert wurden. Es sei hier nur an die Schwefelsäurefabrikation ohne Bleikammerbetrieb mittelst Kontaktsubstanz (Katalyse) und an die fabrikmäßige Darstellung von Chlor erinnert[6].

[1] Vergl. die Kataloge der Farbenfabriken zu Höchst a. M., Ludwigshafen, Elberfeld, Berlin und Mainkur.

[2] In Ludwigshafen beträgt der Lohn bei 7500 Arbeitern ca. 4 Mark pro Kopf. In Höchst a. M. erhalten die Spezialarbeiter und Handwerker 4 Mark pro Kopf, die gewöhnlichen Fabrikarbeiter 3,35 Mark bei nur $9\frac{1}{2}$ Stunden Arbeitszeit. Ähnlich sind die Lohnsätze in den anderen Teerfabriken.

[3] Pohle, a. a. O. S. 74. Heute ist eine Milliarde weit überschritten.

[4] Ernst Beckmann, a. a. O. S. 19 u. f.

[5] H. Caro, Berichte der deutschen chem. Gesellsch. 1892, S. 954.

[6] Vergl. Berichte der badischen Anilin- und Sodafabriken S. 11 u. f.

Durch die Einführung der Teerfarben wurde in der Technik der Färberei eine große Umwälzung hervorgerufen, indem der Färbeprozeß bedeutend vereinfacht worden ist[1]. Seit dem Aufkommen der sog. substantiven Farbstoffe — meist Azofarbstoffe — sind die Beizen immer mehr verdrängt, und es wird die Zeit nicht mehr fern sein, wo man alle Stoffe ohne Beizen färben wird. Während früher der Färber auf ganz ungleichmäßige, in jedem Jahre an Farbstoffgehalt verschiedene Farbematerialien, die dem unberechenbaren, oft schroffen Wechsel der Preiskonjunkturen unterworfen sind, angewiesen war, so stehen ihm jetzt synthetische Produkte zur Verfügung, welche von den Farbenfabriken in vollkommenster Reinheit und stets gleichbleibender Konzentration hergestellt werden. Durch die fortwährende zunehmende Konkurrenz der Fabrikanten, noch mehr aber durch die Verbesserungen[2], welche man in den Methoden der Bereitung dieser Farbstoffe vorgenommen hat, wurde es möglich, eine derartige Verringerung der Preise im Laufe der Zeit zu erzielen, daß man von vielen Teerfarbstoffen jetzt mit vollem Rechte sagen kann, daß sie zu den billigsten Farbstoffen gehören, die es überhaupt gibt. Wenn man z. B. den Preis eines Kilogrammes irgend eines Teerfarbstoffes, wie sich derselbe nach den jetzt geltenden Handelspreisen berechnet, mit dem vergleicht, welchen man für andere Farbstoffe auslegen muß, um die gleiche Menge von Geweben in der gleichen Farbennuance zu färben, so zeigt sich, daß das Färben mit Teerfarben ein ungemein billiges ist. Selbst bei jenen Farbstoffen, die der Natur ihrer Darstellung nach nur zu beträchtlichen Preisen verkauft werden können, ist der hohe Preis nur anscheinend vorhanden, indem die Ausgiebigkeit des Farbstoffes im Vergleiche mit anderen eine so gewaltige ist, daß sich die Kosten auf ein Minimum reduzieren[3]. Vor allem sind die Färber vermittelst der Teerfarben imstande, eine große Anzahl von Farbentönen, die sie früher nur durch umständliche Prozesse und Anwendung der größten Vorsicht hervorbringen konnten, jetzt auf die einfachste Weise, und ohne jemals einen Mißerfolg ihrer Arbeit befürchten zu müssen, darzustellen. Die Teerfarben werden in einer solchen Vielseitigkeit der Farben-

[1] v. Zwiedineck-Südenhorst, a. a. O. S. 230. — Dr. Joseph Bersch, a. a. O. S. 529.

[2] Bersch, a. a. O. S. 529. Das Anilinrot kostete 1860 noch 460 Mark per 1 kg, 1887 aber nur noch 10—12 Mark per 1 kg.

[3] Hofmann fand, daß eine Auflösung von 1 Teil Fuchsin in 1 Million Teilen Wasser eine tief karmoisinrote Farbe hatte. Ein mit Essigsäure angefeuchtetes Stück Seide färbte sich in dieser Lösung noch schön rot. J. G. Hödl, a. a. O. S. 15.

abstufung in den Handel gebracht, wie es bei den natürlichen Farbstoffen unmöglich ist.

Auch auf den Handel mit Farbstoffen sind die Teerfarben von großem Einfluß gewesen, indem nach Maßgabe des Verschwindens der natürlichen Farbstoffe auch der Handel mit denselben eingeht. Die großen Farbwarenhandelshäuser in London, Amsterdam, Hamburg, Bremen etc., die bisher durch inländische Zwischenhändler den Verkauf der natürlichen Farbematerialien vermittelten und dabei oft große Gewinne einheimsten, werden sich daran gewöhnen müssen, anderen Handelsprodukten ihre Aufmerksamkeit zuzuwenden. Bei den Teerfarben existiert ein Zwischenhandel so gut wie gar nicht. Der Konsument steht mit dem Produzenten, den großen Teerfarbenfabriken, in engster Beziehung und direktem Verkehr. Über die ganze Welt planmäßig verteilte angestellte Vertreter der einzelnen Fabriken — es kommen fast nur 6 Fabriken in Betracht — regeln und überwachen den Handel mit Teerfarbstoffen. Eine absichtliche Verfälschung[1], der die natürlichen Farbstoffe sehr häufig sowohl durch die Produzenten als auch durch die Händler ausgesetzt waren, ist bei den Teerfarben gänzlich ausgeschlossen. Jede Fabrik garantiert für die Reinheit und Zuverlässigkeit der gelieferten Farben und haftet mit ihrem guten Ruf für jedes Versehen.

Die Ersetzung aller von der Natur gelieferten Farbstoffe durch künstliche, ist das Ziel der Teerfarben-Industrie. Wenn ihr dies auch heute noch nicht vollständig gelungen ist, so ist doch die Zeit ihres gänzlichen Triumphes nicht mehr fern. Der Zeitraum, welcher seit all diesen wichtigen Entdeckungen verflossen ist, ist ein so kurzer, daß die Entwickelung der Teerfarben-Industrie keineswegs als abgeschlossen betrachtet werden kann, sondern sich erst noch in ihrem Anfangsstadium befindet. Erst seit dreißig Jahren kann man von einer eigentlichen deutschen Teerfarben-Industrie reden, und in dieser Zeit welch großer Fortschritt! Der Krapp hat dem künstlichen Alizarin[2], die Cochenille dem künstlichen Karmin, die Orseille den roten Azofarbstoffen[2] und dem Azokarmin, die Curcuma dem Echtgelb[2] weichen müssen. Ein großer Teil des Blauholzes wurde durch schwarze Azofarbstoffe und Anilinschwarz ersetzt[2].

[1] So wurde Indigo während der früheren Jahre viel mit Kalk, Alaun, Kreide, Schiefermehl, Sand, Ruß, anderen Pflanzensäften, Sirup etc. verfälscht. Krapp wurde viel mit Ziegelmehl und schon gefärbter Röte, Cochenille mit Wachs und ausgekochter Cochenille verfälscht. — Bancroft, a. a. O. S. 248 u. f. — Beckmann, Technologie III, S. 27; IV, S. 476. — Bergius, a. a. O. S. 296 u. f.

[2] Schulz, Die Chemie des Steinkohlenteers II. — Vergl. Berichte der badischen Anilin- und Sodafabrik S. 11 u. f.

Gallen und Sumach finden nur noch wenig Anwendung in der Färberei, da an ihre Stelle die schwarzen und grauen Teerfarben getreten sind. Seit Darstellung des synthetischen Indigo ist auch die Zeit nicht mehr fern, wo der natürliche Indigo, dieser uralte wichtige Farbstoff, gegen den fast 2 Jahrhunderte lang ein so erbitterter Kampf geführt wurde, durch den synthetischen Farbstoff ersetzt sein wird. Welche große wirtschaftliche Umwälzungen sich schon infolge der Teerfarben-Industrie vollzogen haben, mögen nachfolgende statistische Angaben über die Ein- und Ausfuhr einiger wichtiger Farbematerialien zeigen.

Ein- und Ausfuhr von Farbhölzern und Farbholzextrakten von 1872—1903.

Jahr	Farbhölzer:				Farbholzextrakte:			
	Einfuhr t	Ausfuhr t	Wert der Einf. in 1000 Mk.	Wert der Ausf. in 1000 Mk.	Einfuhr t	Ausfuhr t	Wert der Einf. in 1000 Mk.	Wert der Ausf. in 1000 Mk.
1872	46 100	8 820	—	—	5750	935	—	—
1873	28 800	5 360	—	—	3610	845	—	—
1874	33 900	7 210	—	—	3730	1050	—	—
1875	35 500	8 790	—	—	4870	1150	—	—
1876	40 900	7 180	—	—	5800	1410	—	—
1877	39 400	8 660	—	—	6650	1680	—	—
1878	35 900	10 300	—	—	6700	1610	—	—
1879	44 000	11 300	—	—	7600	1980	—	—
1880	45 614	9 603	—	—	3192	511	—	—
1881	49 659	10 271	—	—	4011	340	—	—
1882	50 399	9 779	—	—	4649	546	—	—
1883	56 344	9 360	—	—	4525	1037	—	—
1884	54 374	10 613	—	—	4938	917	—	—
1885	60 130	9 664	—	—	4955	1200	—	—
1886	57 245	9 385	—	—	5213	1187	—	—
1887	59 465	9 060	—	—	5629	1361	—	—
1888	65 788	10 056	—	—	5092	1482	—	—
1889	65 810	12 637	—	—	4549	1683	—	—
1890	66 326	14 153	—	—	4686	1582	—	—
1891	54 517	12 408	—	—	4745	1549	—	—
1892	48 650	13 114	—	—	4327	1520	—	—
1893	51 939	10 264	8576	1812	5382	1694	4306	1440
1894	54 127	11 687	9355	2137	4653	1344	3816	1169
1895	48 133	11 041	7826	1864	5358	1263	4501	1111
1896	51 086	10 760	6994	1580	4946	1099	4056	945
1897	41 966	7 231	4946	1068	4401	1188	3433	974
1898	34 686	8 891	4018	1161	4160	1178	3120	931
1899	33 468	8 153	3773	1025	3537	1401	2652	1107
1900	40 777	6 760.	4314	794	3294	1128	2372	852
1901	24 259	6 746	2740	803	2766	1091	1936	715
1902	—	—	2782	752	—	—	2223	905
1903	—	—	4062	711	—	—	2414	748

Ein- und Ausfuhr von Cochenille und Krapp von 1872—1903.

Jahr:	Cochenille:				Krapp:			
	Einfuhr t	Ausfuhr t	Wert in 1000 Mk. Einfuhr	Wert in 1000 Mk. Ausfuhr	Einfuhr t	Ausfuhr t	Wert in 1000 Mk. Einfuhr	Wert in 1000 Mk. Ausfuhr
1872	715	133	—	—	2245	373	—	—
1873	595	135	—	—	1760	365	—	—
1874	675	152	—	—	1465	540	—	—
1875	695	148	—	—	815	640	—	—
1876	525	103	—	—	915	815	—	—
1877	494	116	—	—	1000	1050	—	—
1878	467	122	—	—	875	500	—	—
1879	287	95	—	—	790	452	—	—
1880	276	71	—	—	781	353	—	—
1881	224	67	—	—	682	315	—	—
1882	194	55	—	—	655	321	—	—
1883	141	56	—	—	531	279	—	—
1884	105	32	—	—	621	277	—	—
1885	131	29	—	—	450	341	—	—
1886	127	30	—	—	508	331	—	—
1887	93	26	—	—	534	364	—	—
1888	112	35	—	—	508	328	—	—
1889	90	56	—	—	382	263	—	—
1890	77	50	—	—	249	236	—	—
1891	94	33	—	—	247	197	—	—
1892	67	33	—	—	215	190	—	—
1893	76	33	182	91	245	154	245	162
1894	71	29	185	83	194	182	116	118
1895	82	28	229	84	217	150	119	90
1896	68	26	184	75	92	112	46	62
1897	76	34	190	92	107	117	45	55
1898	88	34	194	81	117	109	53	55
1899	91	35	186	77	62	108	28	54
1900	59	26	113	55	96	52	43	26
1901	73	16	116	28	73	74	33	37
1902	—	—	112	34	—	—	41	26
1903	—	—	98	48	—	—	37	36

Ein- und Ausfuhr von Indigo von 1872—1903.

Jahr:	Einfuhr t	Ausfuhr t	Wert der Einfuhr in 1000 Mk.	Wert der Ausfuhr in 1000 Mk.
1872	1410	510	—	—
1873	1640	505	—	—
1874	1810	730	—	—
1875	1450	540	—	—
1876	1770	565	—	—
1877	1300	540	—	—
1878	1420	540	—	—
1879	1620	620	—	—
1880	1232	497	—	—
1881	1633	593	—	—
1882	1562	521	—	—
1883	1718	612	—	—
1884	1934	619	—	—
1885	1969	620	—	—
1886	1492	496	—	—
1887	1532	491	—	—
1888	1578	562	—	—
1889	1935	744	—	—
1890	2008	733	—	—
1891	1266	555	—	—
1892	1743	620	—	—
1893	1272	592	14 634	7 100
1894	1507	607	18 086	7 583
1895	1794	658	21 534	8 225
1896	1973	581	20 720	6 391
1897	1408	508	12 676	4 825
1898	1036	918	8 290	7 574
1899	1108	1364	8 309	7 845
1900	564	1873	4 091	9 364
1901	609	2672	4 264	12 694
1902	—	—	3 687	18 462
1903	—	—	1 795	20 690

Ein- und Ausfuhr von Anilin- und Teerfarben von 1872—1903, von Alizarin von 1880—1901.

Jahr:	Einfuhr t	Ausfuhr t	Ausfuhr Wert in 1000 Mk.	Jahr:	Einfuhr t	Ausfuhr t	Ausfuhr Wert in 1000 Mk.
1872	640	407	—				
1873	351	202	—				
1874	378	276	—				
1875	409	330	—		inkl. Alizarin		
1876	292	464	—				
1877	254	675	—				
1878	316	685	—				
1879	525	1 350	—				
1880	737	2 723	—	1880	18	5 888	—
1881	893	3 403	—	1881	115	5 578	—
1882	861	3 828	—	1882	41	4 535	—
1883	882	4 482	—	1883	217	4 008	—
1884	634	5 478	—	1884	218	4 291	—
1885	875	6 359	—	1885	139	4 284	—
1886	779	7 401	—	1886	82	4 528	—
1887	926	8 681	—	1887	55	5 985	—
1888	1025	9 434	—	1888	28	6 732	—
1889	1082	9 973	—	1889	27	7 793	—
1890	1039	11 109	—	1890	13	7 905	—
1891	1028	13 083	—	1891	78	8 168	—
1892	1157	15 385	—	1892	42	7 677	—
1893	1300	15 656	58 091	1893	39	8 036	11 652
1894	1142	18 686	59 816	1894	29	7 735	11 215
1895	1406	22 924	69 934	1895	54	8 928	11 606
1896	1692	23 940	74 952	1896	34	8 526	10 657
1897	1952	26 817	78 500	1897	69	8 641	12 396
1898	1757	32 072	85 546	1898	39	9 321	16 874
1899	2134	34 980	86 587	1899	38	9 587	11 312
1900	2415	36 394	88 641	1900	39	—	11 617
1901	2348	37 599	91 593	1901	26	10 017	16 163
1902	—	—	103 991	1902	—	—	16 129
1903	—	—	107 674	1903	—	—	15 172

Zu diesen Tabellen seien noch einige nähere Angaben gemacht. Im Jahre 1862 wurde in Frankreich, dem Hauptproduktionslande für Krapp, ungefähr 21000 ha Land mit Krapp bestellt. Die Felder lieferten einen Ertrag von 600000 M.-Ztr. Krapp, von denen nahezu für 50 Millionen Mark ins Ausland gingen[1] [2]. Bereits 1878 konnten Reverdin und Noelting berichten, daß der französiche Krappbau auf den 50. Teil seines ehemaligen Umfanges zurückgegangen und nicht mehr lohnend sei[3]. 1883 exportierte Frankreich nur noch für 212500 Mark. Vor dem Jahre 1870 betrug die jährliche Krappeinfuhr in das deutsche Zollgebiet[4] 38000 M.-Ztr. und die deutsche Ausfuhr ca. 13000 M.-Ztr. 1883 waren die entsprechenden Ziffern für das Zollgebiet 5311 und 2791 M.-Ztr. im Werte von 529000 bezw. 261000 Mark. Eine interessante Berechnung über die Vorteile des Ersatzes von Krapp als Färbemittel durch künstliches Alizarin findet sich in dem Handelsberichte der Dresdener Chemikalien- und Drogenfirma Gehe & Co. vom September 1881: „Im Jahre 1880 — heißt es daselbst — wurden schätzungsweise 14000 t künstlicher Farbstoff, der 10 % reines Alizarin enthält, produziert. Rechnet man 1 t davon gleich 9 t Krapp, so würde das Ganze 126000 t Krapp äquivalent sein. Nun ist der gegenwärtige Wert von 14000 t Alizarin — zu £ 122 (2440 Mark) pro t — £ 1568000 (31360000 Mark). Der Wert von 126000 t Krapp — zu £ 45 pro t — ist aber gleich £ 5670000 (113400000 Mark), so daß durch den Gebrauch von Alizarin an Stelle des Krapp eine Ersparnis von über £ 4000000 (80000000 Mark) bewirkt worden ist, oder mit anderen Worten: das Färben mit Alizarin kostet weniger als den dritten Teil des früheren Preises[5]!“ Es ist dies ein lehrreiches Beispiel für die Art, wie durch die Fortschritte der Wissenschaft und der Technik die Lebenshaltung der Menschheit gehoben und verbessert wird. Durch die Entdeckung der künstlichen Erzeugungsweise des Alizarins sind gewissermaßen 80 Millionen Mark frei geworden für die Befriedigung

[1] Berichte der Handelsk. zu Leipzig 1903.

So berichtete 1903 die Handelskammer zu Leipzig: „Durch die hohe Vollendung der Darstellung künstlicher Farberzeugnisse werden die natürlichen Farbwaren mehr und mehr verdrängt. Im Handel mit Indigo ging der Verbrauch und daher auch die Einfuhr des natürlichen weiter stetig zurück. Dagegen hob sich die Verwendung von künstlichem Indigo in der Industrie wegen seiner größeren Ausgiebigkeit wieder mehr, und verdoppelte sich die Ausfuhr dieses Artikels in den letztvergangenen 2 Jahren.“

[2] v. Scherzer, a. a. O. S. 257.

[3] Berichte der deutschen chem. Gesellsch. 1892, S. 1031.

[4] v. Scherzer, a. a. O. S. 257.

[5] Ebenda.

Das berühmteste Erzeugnis der Krappfärberei, die türkischroten Baumwollengewebe, bedürfen zu ihrer Herstellung mit Hilfe von künstlichem Alizarin kaum so viel Tage, als einst bei der Verwendung von Krapp zum gleichen Zwecke Wochen erforderlich gewesen waren. Otto N. Witt, Prometeus No. 543.

anderer menschlicher Bedürfnisse. S. B. Boulton schätzte 1885 den jährlichen Verbrauch von 20 % Alizarin in Großbritannien auf 3400 t im Verkaufswert von 456960 £[1] und im Farbwerte gleich 61200 t Krapp. Diese Krappmengen würden vor der Entdeckung des synthetischen Alizarins einen Importwert von 2907000 £ gehabt haben. Hierdurch ergibt sich eine durch das künstliche Alizarin herbeigeführte Ersparnis von 2450000 £[1]. Zu Anfang der 70er Jahre schätzte man das überhaupt für den Krappbau verwandte Areal auf ca. 400000 ha[2]. Ohne das künstliche Alizarin würde diese Anbaufläche heute noch auf mindestens 600000 ha gestiegen sein. Diese Flächen sind durch das künstliche Alizarin für die Gewinnung anderer landwirtschaftlicher Erzeugnisse verfügbar geworden. Ähnlich werden sich die Verhältnisse beim Indigo gestalten. 1896—1900[3] waren in Indien noch jährlich 1200000 acres mit Indigo bebaut. 1902/3 waren es nur noch 574000 acres. Produziert wurden 1896/97 noch 170000 engl. Ztr. natürlicher Indigo im Werte von 2914000 £, 1902/3 nur noch 65000 Ztr. im Werte von 804000 £. Dagegen stieg die Produktion des künstlichen, also deutschen, Indigos von 0 bis auf zirka 25 Millionen Mark. Die Einfuhr nach Deutschland betrug 1895 noch 17945 D.-Ztr., dagegen 1900 nur 5643 D.-Ztr. Die Ausfuhr stieg in derselben Zeit aber von 6580 auf 18728 D.-Ztr. Will man dies in Werten ausdrücken, so bezahlte Deutschland 1895 noch 21,5 Millionen Mark für Indigo an das Ausland und erhielt nur 8,2 Millionen als Ausfuhrwert zurück, während 1900 nur noch 4 Millionen Mark nach dem Ausland gezahlt wurden, dagegen bereits 9,3 Millionen Mark für den ausgeführten Indigo zurückflossen. 1903 wurde für ca. 2 Millionen Mark Indigo importiert. Der Export betrug dagegen 20,6 Millionen Mark. Das ist bereits innerhalb 8 Jahren eine Differenz von 32 Millionen Mark zugunsten unseres Nationalvermögens.

Wie billig übrigens der Pflanzen-Indigo durch die Konkurrenz des künstlichen Indigos geworden ist, beweisen die folgenden Preisnotierungen am Londoner Markte[4]. Sie lauteten:

---

[1] Berichte der Deutschen chem. Gesellsch. 1892, S. 980.

[2] Dr. v. Scherzer, a. a. O. S. 257/58.

[3] Protokolle der Hauptversammlung des Vereins zur Wahrung der chem. Industrie Deutschlands, Protokolle No. 27. — Chemiker-Zeitung 1904, No. 26, S. 320.

[4] Gehe & Co., Berichte 1901, S. 86.

1871	1876	1881	1886	1891
9 s. 6 d.	6 s. 9 d.	6 s. 10 d.	5 s. 6 d.	4 s. 4 d.

1896	1900
4 s. 2 d.	3 s.

Die Preise verstehen sich pro Kilogramm.

Der Wert des noch jetzt jährlich angebauten Indigos beträgt ca. 60 Millionen Mark[1]. Es wird die Zeit nicht mehr fern sein, wo auch diese Mengen durch den synthetischen Indigo ersetzt werden. Wie wir berichteten, beträgt der Wert der in Deutschland dargestellten Teerfarben ca. 180 Millionen. Wenn man den Farbwert der Teerfarben zu den natürlichen Farbstoffen wie 3 : 1 setzt — eine Annahme, die eher zu niedrig als zu hoch bemessen ist — so würden die Teerfarben, die Deutschland heute produziert, für 540 Millionen Mark natürliche Farbstoffe verdrängt haben. Das für den Anbau dieser Farbstoffe verwendete Areal ist für andere Produkte verfügbar geworden.

Sollen wir den Rückgang eines einstmals blühenden Zweiges der Landwirtschaft beklagen? Schwerlich haben wir ein Recht dazu. Der Boden, der früher mit Krapp, Safflor, Indigo und anderen Farbstoffen bepflanzt wurde, kann jetzt Korn, Kartoffeln, Wein oder andere landwirtschaftliche Produkte hervorbringen, und die allgemeine Volkswohlfahrt kann nur gewinnen, wenn ein früher so kostbares Produkt jetzt aus einem an sich fast wertlosen Abfallstoffe so viel wohlfeiler erzeugt und in Massen zur Verfügung gestellt wird. In Indien, wo seit uralten Zeiten der Indigobau einer der wichtigsten Zweige der Volkswirtschaft ist — die Ausfuhr von Indigo wurde nur durch die von Reis übertroffen[2] — wird die Kultur des Indigos bald aufhören, und Indien wird bald — es bezieht schon längst deutsche Teerfarben — seinen Indigo aus Deutschland beziehen.

Die chemischen Bestandteile der Farbstoffe des Waides und des natürlichen und künstlichen Indigos sind gleiche, nur daß der künstliche Indigo infolge seiner Reinheit viel ergiebiger ist. Es ist nur Zufall, daß man den künstlichen Indigo — „Indigo" nennt. Man könnte den Farbstoff mit demselben Rechte auch als Waid bezeichnen, und würde es auch getan haben, wenn sich zur Zeit der Entdeckung dieses künstlichen Farbstoffes der Waid noch der An-

[2] H. Brunck, Berichte der deutschen chem. Gesellsch. 1900, Beilage 5. — Prof. Paul Friedländer in der Zeitschrift des deutschen Färberverbandes Jahrgang 3, No. 21.

[3] Volz, a. a. O. S. 357.

wendung erfreut hätte, wie einst im Mittelalter. Die Fabrikation des künstlichen Indigos könnte man eigentlich als Fortsetzung der alten deutschen Waidkulturen betrachten, und die Regenten und Staatsmänner des 17. und 18. Jahrhunderts, die damals warm so für den Waid eingetreten waren, würden große Freude haben, könnten sie sehen, wie der alte berühmte deutsche Waidbau in ungeahnter Herrlichkeit in der Erzeugung der künstlichen Farben wieder erstanden ist.

Mit größter Dankbarkeit und Erweisung der höchsten Ehren hat man in früheren Jahrhunderten die Männer belohnt, die die Volkswirtschaft des Landes förderten. Möge man auch der Männer allzeit in größter Verehrung und Dankbarkeit gedenken, die zum Ruhme und Nutzen unseres Vaterlandes eine neue Industrie schufen und zu ungeahnter Entwickelung brachten!

Wenn wir bedenken, welch riesiges Kapital an Gedankenarbeit angewendet werden mußte, um zu jenen erstaunlichen Resultaten zu gelangen, zu welchen die Chemie heute in Bezug auf die technische Verwertung der Steinkohlen gelangt ist, so muß uns ein Gefühl der Bewunderung überkommen. Es war nicht ein bloßer Zufall, der zur Gewinnung all der vielfältigen farbigen Produkte des Steinkohlenteers geführt hat, sondern es waren geradezu die mühevollsten, mit dem größten Aufwand von Scharfsinn geführten Untersuchungen. Die technische Ausnutzung der Steinkohlen, wie sie gegenwärtig betrieben wird, ist nicht nur ein Triumph der chemischen Wissenschaft, sondern sie ist ein Triumph des menschlichen Geistes überhaupt. Aber trotz aller epochemachenden Entdeckungen, die wir anführten, sind wir berechtigt anzunehmen, daß wir erst am Anfang anderer stehen, welche noch höhere Bedeutung haben, nicht nur für die Industrie und die Volkswirtschaft, sondern für die ganze Menschheit überhaupt. Vielleicht wird die ahnungsvolle Frage Hofmanns[1]: „Wird uns die Chemie schließlich lehren, systematisch Farbstoffmoleküle aufzubauen, deren besonderen Farbenton wir mit derselben Sicherheit vorhersagen können, mit der wir gegenwärtig den Siedepunkt und andere physikalische Eigenschaften der Gebilde unserer theoretischen Konzeptionen im voraus bestimmen?" in nicht zu langer Zeit beantwortet sein.

Die Ausgaben, welche ein Land der Wissenschaft und dem höheren Unterricht widmet, sind produktiv, und Deutschland hat bereits die Früchte dieser Erkenntnis getragen, denn nur dem

[1] Bericht der deutsch. chem. Gesellsch. 1892, S. 1002.

durch Liebig in die Wege geleiteten chemischen Unterricht sind alle diese Erfolge zu verdanken. Die Farbstoff-Industrie stützt sich ganz und gar auf die wissenschaftliche chemische Forschung. Beide sind untrennbar miteinander verbunden und stehen in innigster Wechselwirkung; wo die eine blüht, muß die andere gedeihen. In diesem innigen Zusammenwirken liegt ihre Entwickelung begründet. Solange der Schwerpunkt der chemischen Forschung in Deutschland liegt, solange wird auch die deutsche Farbenindustrie und mit ihr die gesamte deutsche chemische Industrie an der Spitze aller Nationen stehen. Aber an dem Tage, wo dieser Schwerpunkt nach anderen Ländern verlegt sein wird, wird auch die deutsche Teerfarben-Industrie ihren Höhepunkt erreicht haben. Der blühende Export deutscher Farbstoffe wird dann aufhören, und Deutschland wird wieder, wie in früheren Jahrhunderten, seinen Bedarf im Auslande decken müssen. Nahezu 400 Jahre waren die deutschen Waidkulturen eine Quelle nationalen Wohlstandes, bis der ausländische Indigo ihn verdrängte. Mögen sich die deutschen Teerfarben einer ebenso langen Zeit der Blüte erfreuen, wie einst die deutschen Waidkulturen!

Fassen wir die Ergebnisse unserer Untersuchungen zusammen, so können wir folgende Tatsachen feststellen.

Die Färberei ist in Deutschlands uralt, so alt, wie überhaupt die gewerbliche Tätigkeit unserer Vorfahren. Die Farbstoffe, welche zum Färben der Gewebe benutzt wurden, waren bis zu Ausgang des Mittelalters fast nur einheimische, doch fand durch den Einfluß Italiens und des Orients auch eine geringe Einfuhr ausländischer Farbstoffe statt und neben diesen die Einfuhr kostbarer gefärbter Gewebe. Diese Einfuhr war immerhin gering und wurde durch die Ausfuhr deutscher Farbstoffe weit übertroffen. Der König der alten Farbstoffe war der Waid, den man mit vollstem Rechte als den mittelalterlichen Universalfarbstoff bezeichnen kann. Seit der Entdeckung Amerikas und des Seeweges nach Ostindien fanden immer mehr fremde Farbstoffe Eingang in die deutsche Färberei; vor allem war es der Indigo: Seine Einführung war von großer Bedeutung für die deutsche Volkswirtschaft. Alle Versuche deutscher Regenten und Staatsmänner, die deutschen Waidkulturen zu erhalten, waren vergebens. Zu Beginn des 19. Jahrhunderts waren die ausländischen Farbstoffe vollkommen vorherrschend, man könnte fast sagen, alleinherrschend. Durch die Fortschritte der Naturwissenschaften, besonders der Chemie, gelang es in der Mitte des 19. Jahrhunderts, künstliche Farbstoffe aus dem Steinkohlenteer, einem bis dahin lästigen Abfallprodukte der Gasbereitung, darzustellen. Die Fabrikation dieser künstlichen Farbstoffe nahm dann in Deutschland infolge der hier besonders günstigen Entwickelung der Chemie einen so schnellen Aufschwung, daß zu Ende des 19. Jahrhunderts die deutschen Teerfarbenfabriken nicht nur allein fast den ganzen deutschen Bedarf an Farbstoffen überhaupt, vielmehr fast den der ganzen Welt deckten. Wenn auch die Einfuhr tropischer Farbstoffe heute noch nicht ganz erloschen ist, so ist doch die Zeit, wo dies geschehen wird, nicht mehr fern.

Wirtschaftsgeographisch könnten wir sagen: „Die Produktion der Textilfarbstoffe, die Jahrtausende lang in fast allen Ländern der Welt, hauptsächlich den Gebieten der heißen Zone, heimisch war, ist zu Ende des 19. Jahrhunderts, innerhalb weniger Jahrzehnte, nach Deutschland verlegt worden und hat sich hier in der Umgebung des Rheins, Mains und einiger anderer Orte konzentriert.“

Literatur.

Bancroft, Edward: Neues englisches Färbebuch. 1815.

Becher, Johann Joachim: Politischer Diskurs von den eigentlichen Ursachen des Aufblühens und Abnehmens der Länder, Städte etc. 1668.

Beckmann, Johann: Beiträge zur Geschichte der Erfindungen. Leipzig 1786.

Beckmann, Bernh. Ludwig: Historische Beschreibung der Chur- und Mark Brandenburg. Berlin 1771.

Beckmann, Ernst: Entwickelung und Aufgaben der angewandten Chemie. Antrittsvorlesung gehalten am 14. Mai 1898 in der Aula der Universität Leipzig.

Bergius, Joh. Heinr. Ludwig: Neues Polizei- und Cameral-Magazin. 1774.

Berichte der Deutschen chemischen Gesellschaft.

Berichte der Handelskammer zu Leipzig.

Bersch, Josef: Die Fabrikation der Anilinfarbstoffe. Wien 1878.

Berthollet: Handbuch der Färbekunst. Übersetzt von J. F. A. Göttling, Jena. 1792.

Blümner: Technologie und Terminologie der Gewerbe und Künste bei den Griechen und Römern. Leipzig 1887.

Brunck, H.: Die Entwickelungsgeschichte der Indigo-Fabrikation in den Berichten der Deutschen chemischen Gesellschaft 1900. 33, 3.

Bücher, Karl: Entstehung der Volkswirtschaft. Tübingen 1901.

Derselbe: Artikel Gewerbe im Handwörterbuch der Staatswissenschaften.

Capitulare de villis Karls des Großen.

Caro, H.: Über die Entwickelung der Teerfarben-Industrie bis 1891; in den Berichten der Deutschen chemischen Gesellschaft 1892. 25, 3.

Chemiker-Zeitung.

v. Cochenhausen: Farbstoffe und Färberei in Muspratts Chemie. III. Bd. Braunschweig 1891.

Codex Augusteus.

Codex diplomaticus Lusatiae, von Gustav Köhler. Görlitz 1856.

Codex diplomaticus Silesiae, von Georg Korn. Breslau 1867.

Coler, Joh.: Oeconomia. Frankfurt a. M. 1692.

Conrad: Grundriß zum Studium der politischen Ökonomie. Jena 1902.

Credner, Hermann: Elemente der Geologie. 9. Aufl. Leipzig 1902.

Crome, A. F. W: Europens Produkte. Dessau 1782.

v. Dalberg: Beiträge zur Geschichte der Erfurter Handlung. Erfurt 1780.

Doren, Alfred: Die Florentiner Wollentuch-Industrie vom 14. bis zum 16. Jahrhundert. Stuttgart 1901.

Ehrenberg, Richard: Hamburg und England im Zeitalter der Königin Elisabeth. Jena 1876.

Ehrhard, Aug. Heinrich: Diplomatische Geschichte des Erfurtischen Handels und Gewerbewesens älterer Zeiten. Im allgemeinen Archiv für die Geschichtskunde des preußischen Staates. Neue Folge, Bd. I.

Falke, Joh.: Geschichte des deutschen Handels. Leipzig 1860.

v. Falkenstein, Heinr. Joh.: Thüringische Chronik. Erfurt 1735.

Fischer, Jonathan Christoph Friedrich: Geschichte des deutschen Handels, Hannover 1785.

Gelbe, Rich.: Herzog Johann von Görlitz, abgedruckt im neuen Lausitzer Magazin Bd. 59.

v. Georgievicz, Georg: Der Indigo. Wien 1892.

Goethes Werke.

Handelsberichte von Gehe & Co., Dresden.

Hanseatische Urkundenbücher.

Hellot: Färbekunst. Übersetzt von Abraham Gotthelf Kästner. Altenburg 1751.

Hennings, Albrecht: Steuergeschichte von Köln in den ersten Jahrhunderten städtischer Selbständigkeit bis zum Jahre 1370. Diss. Leipzig 1891.

Hermbstädt, Siegismund Friedrich: Grundriß der Färbekunst. Berlin, Stettin 1802.

Heyd, Wilhelm: Geschichte des Levantehandels im Mittelalter. Stuttgart 1879.

Hildebrand: Jahrbücher für Nationalökonomie und Statistik.

Hödl, E. J.: Die praktische Anwendung der Teerfarben in der Industrie. Wien 1885.

v. Hohberg: Georgica Curiosa oder Adliches Land- und Feldleben. Nürnberg 1715.

Journal für Fabrik, Handel und Mode. Leipzig 1796.

Karmarsch: Geschichte der Technologie. München 1870.

Kataloge der badischen Anilin- und Sodafabriken zu Ludwigshafen a. Rh., der Farbwerke zu Höchst a. M. von Meister, Lucius und Brüning und der Farbwerke zu Elberfeld von Friedrich Bayer & Co.

Kielmeyer: Die Entwicklung der Färberei, Bleicherei und Druckerei in Dinglers polyt. Journal, Jahrgang 1879.

Klumker, Christian Kasper: Der friesische Tuchhandel zur Zeit Karls des Großen und sein Verhältnis zur Weberei jener Zeit. Diss. Leipzig 1899.

Knothe, Hermann: Geschichte des Tuchmacherhandwerks in der Oberlausitz, im neuen Lausitzer Magazin Bd. 58.

Kopp, Hermann: Geschichte der Chemie. Braunschweig 1845.

Kunze, Karl: Hanseakten aus England. Halle 1891.

Lamprecht: Deutsche Geschichte.

Lamprecht: Deutsches Wirtschaftsleben im Mittelalter. Leipzig 1886.

Langenthal: Geschichte der deutschen Landwirtschaft. Jena 1854.

v. Ledebour: Allgemeines Archiv für die Geschichtskunde des preußischen Staates.

Lehensbuch Friedrichs des Strengen, Markgrafen von Meißen und Landgrafen von Thüringen von 1349—50. Bearbeitet von Woldemar Lippert und Hans Beschorner. Leipzig 1903.

Leo, Heinrich: Untersuchungen zur Besiedelung und Wirtschaftsgeschichte des Thüringer Osterlandes in der Zeit des frühen Mittelalters. Diss. Leipzig 1900.

v. Liebig, Justus: Chemische Briefe.

Derselbe: Reden und Abhandlungen von M. Carriere.

Lippert, Julius: Kulturgeschichte der Menschheit. Stuttgart 1886.

Mayer, Jul.: Leitfaden zur Färberei. Stuttgart 1861.

Moehsen: Geschichte der Wissenschaften in der Mark Brandenburg. Berlin 1781.

Mone: Zeitschrift für die Geschichte des Oberrheins.

Müller, G.: Die chemische Industrie in der deutschen Zoll- und Handelsgesetzgebung. Berlin 1902.

Naumburger Annalen, bearbeitet von Dr. Köster.

Neue Frankfurter Sammlung der Reichsabschiede.

Nietzki: Die Chemie der organischen Farbstoffe. Berlin 1901.

Nübling: Ulms Handel im Mittelalter. 1900.

Oncken, August: Geschichte der Politischen Ökonomie. Leipzig 1902.

Pohle, Ludwig: Deutschland am Scheidewege. Leipzig 1902.

Poppe: Lehrbuch der Technologie. Stuttgart 1819.

Protokolle der Hauptversammlung des Vereins zur Wahrung der Interessen der chemischen Industrie Deutschlands.

Quellen zur Geschichte der Stadt Köln, bearbeitet von Dr. L. Ennen.

Raynal, Thomas Wilhelm: Geschichte der Besitzungen und Handlungen der Europäer in beiden Indien 1786.

v. Resch: Der ausländische Indigo und das Surrogat desselben, der Waid-Indigo. Weimar 1811.

Riska: Waidbedenken, abgedruckt in Schrebers Waidbuch.

Ritter, Moritz: Zur Geschichte der deutschen Finanzverwaltung im 16. Jahrhundert, in der Zeitschrift des bergischen Geschichtsvereins.

Roth: Geschichte des Nürnbergischen Handels. Nürnberg 1800.

Sander, Paul: Die reichsstädtische Haushaltung Nürnbergs von 1431—1440. Leipzig 1902.

v. Scherzer, Karl: Das wirtschaftliche Leben der Völker. Leipzig 1885.

Schmoller, Gustav: Die Straßburger Tucher- und Weberzunft. Urkunden und Darstellung. Straßburg 1879.

Schreber, Daniel Gottfried: Historische, physische und ökonomische Beschreibung des Waides. Halle 1752.

Schriften der Leipziger Ökonomischen Sozietät. Dresden 1771.

v. Schröder, Wilh., Freiherr: Fürstliche Schatz- und Rentkammer. Leipzig 1713.

Schulte, Alois: Geschichte des mittelalterlichen Handels und Verkehrs zwischen Westdeutschland und Italien mit Ausschluß von Venedig. Leipzig 1900.

Schulz, G.: Chemie des Steinkohlenteers. III. Aufl. Bd. I u. II. Braunschweig 1901.

v. Seckendorf, Veit Ludwig: Teutscher Fürstenstaat.

Siebenkees, Joh. Christ.: Materialien zur Nürnbergischen Geschichte. Nürnberg 1792.

Speck: Handelsgeschichte des Altertums. Leipzig 1900.

Stieda, Wilhelm: Zur Entstehung des deutschen Zunftwesens. Jena 1876.

Derselbe: Zunftwesen im Handwörterbuch der Staatswissenschaften.

Derselbe: Stapelrecht im Handwörterbuch der Staatswissenschaft.

Derselbe: Hansisch-Venetianische Handelsbeziehungen im 15. Jahrhundert. Rostock 1894.

Derselbe: Über die Quellen der Handelsstatistik im Mittelalter. Verlag der königlichen Akademie der Wissenschaften. Berlin 1903.

Derselbe: Zunfthändel im 16. Jahrhundert. Im historischen Taschenbuch von Wilhelm Maurenbrecher. VI. Folge. 4. Bd. Jahrgang.

v. Tettau, W. G. A.: Über das staatsrechtliche Verhältnis von Erfurt zum Erzstift Mainz.
Urkundenbuch der Stadt Braunschweig.
Urkundenbuch der Stadt Erfurt.
Urkundenbuch der Stadt Hamburg.
Volz, K. W.: Beiträge zur Kulturgeschichte. Leipzig 1852.
v. Weber: Archiv für sächsische Geschichte. Bd. XII. Die politischen Beziehungen zwischen der Oberlausitz und Meißen.
Wehrmann, C.: Die älteren Lübeckischen Zunftrollen. II. Lübeck 1872.
Weinhold, Karl: Die deutschen Frauen im Mittelalter. Wien 1882.
Weiß, Hermann: Kostümkunde. Stuttgart 1872.
Wichelhaus: Wirtschaftliche Bedeutung chemischer Arbeit. 1892.
Witt, Otto N.: Zeitschrift Prometeus.
Derselbe: Sammelkatalog der deutschen chemischen Industrie der Weltausstellung zu Paris. Berlin 1900.
Derselbe: Die chemische Industrie des Deutschen Reiches. Berlin 1902.
Zeitschrift des deutschen Färberverbandes.
Dr. med. P. Zschiesche: Der Erfurter Waidbau und Waidhandel, ein kulturgeschichtliches Bild aus der Vergangenheit. In den Mitteilungen des Vereins für die Geschichte und Altertumskunde von Erfurt.
v. Zwiedineck-Südenhorst: Die Färberei in Leipzig. Schriften des Vereins für Sozialpolitik. LXV. LXVI. 5. Bd.

Die Anregung zu vorliegender Abhandlung gab mein hochverehrter Lehrer Herr Professor der Staatswissenschaften Dr. W. Stieda. Ihm bin ich für die vielfache Unterstützung zu größtem Danke verpflichtet. Allen meinen sonstigen hochverehrten Lehrern, besonders Herrn Geheimrat Professor W. Ostwald, an dessen chemisch-physikalischen Institute ich bis nach Absolvierung des chemischen Verbandsexamens arbeitete, erlaube. ich mir für alle Förderung herzlichst zu danken.

MIX
Papier | Fördert gute Waldnutzung
FSC® C083411

Zeitfracht Medien GmbH
Ferdinand-Jühlke-Straße 7
99095 Erfurt, Deutschland
produktsicherheit@kolibri360.de